乾杯の経済学
：韓国のビール産業
李光宰著

柘植書房新社

乾杯の経済学：韓国のビール産業

◆目次

序　章 ……………………………………………………………… *11*

1　研究課題　*12*

2　なぜビール産業なのか　*17*

3　ビール産業の位置付け　*21*

4　研究範囲・構成　*23*
　　コラム　韓国マートで多く売れた輸入ビールは「日本のビール」　*24*

I　植民地期のビール産業 …………………………………… *25*

1　朝鮮ビール産業の誕生：昭和麒麟麦酒㈱と朝鮮麦酒㈱　*26*

2　朝鮮ビール産業における企業の役割：日本のビール会社は何をやって
　　いたのか？　*41*

3　政府の役割：国はどうやってサポートしていたのか？　*43*

4　企業のもう一つの役割：原料自給を目指せ！　*45*

5　朝鮮人の実態：朝鮮人は成長していたのか？　*49*

おわりに　*52*
　　コラム　韓流も追い風　韓国ビール大手、輸出を拡大　*54*

II　解放後のビール産業 ……………………………………… *57*

1　解放直前後のビール産業：「大東亜共栄圏」の崩壊と「南北分断による
　　地域的な経済循環の断絶」によるカオス　*58*

2　朝鮮戦争の勃発および復旧作業：何も残らず　*64*

3 受難の時代：イチからはじめる　72

4 終戦後：立ち直り！　74

5 ビール原料の「自社生産」：原料を国産化せよ！　77

6 醸造技術向上：お雇い外国人を招へいせよ！　81

7 競争の激化：昨日の友が今日の敵へ！　84

8 需要推移：伸びる！　伸びる！　87

9 生産拡張のための増設：より大きくより大きく！　92

10 さらなる「原料自立」：国産化をより進めよ！　97

11 韓独ビール：幻のビール　101

12 協調への長い道：朝鮮ビール裏切る！　102

13 企業努力：新製品の開発、技術力向上、人的資源の開発　105

14 収益・価格・酒税：どのようにして儲けていたのか？　108

15 朝鮮ビールの反撃：王者倒れる！　111

おわりに　116

　コラム　「韓国ビールはまずいと書いた記者の尻を蹴りたい」　121

Ⅲ　IMF 以降のビール産業 ……………………………………… 123

1 金融危機：最大の試練が襲う！　124

2 ロッテの参入：三国時代　128

3 OB の再奪還：かつての王者が戻ってくる！　130

おわりに　132

　コラム　KABREW が受賞、韓国初＝ブリュッセルビアチャレンジ　134

Ⅳ　北朝鮮のビール産業　金正日のビール工場················· 135

おわりに　142

　　コラム　ビールを 130 億円輸出した日本…ほとんどが韓国行き　143

終　章 ··· 145

　　コラム　こんなの初めて!　エゴマの葉やミカンを使ったビールが続々登場　160

あとがき　163

参考文献　164

韓国ビールの流れ

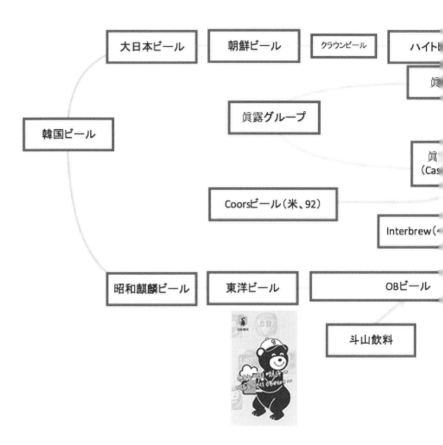

出典）本書参照。

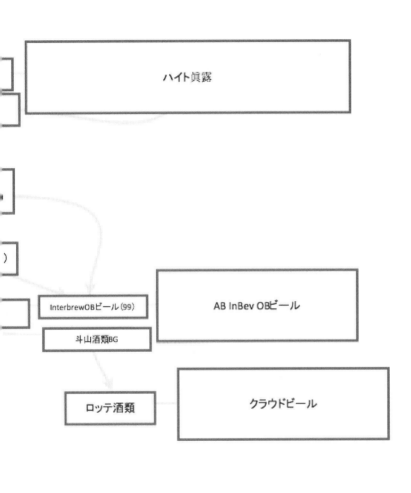

凡　例

　　資料史料・文献類の引用は、原則として原文の通りである。ただし、必要に応じて以下の処理を加えた。

1. 植民地期における「朝鮮」などはすべて括弧を附すべきであるが、本書では「」を省略した。
2. 年号は、原則として西暦に統一した。
3. 旧字体・正字体は常用漢字に直した。ただし、固有名詞で現在でも用いられる場合はこの限りではない。
4. 漢数字で読みにくい場合は、アラビア数字に改めた。
5. 必要最小限の句読点を加えた。
6.「……［中略］……」は引用資料・史料中に中略を施したことを表わす。
7. □は判読不能であることを示す。
8. 引用資料・史料中に現在では使用が不適切であるとされる表現が用いられていることがあるが、資料が歴史的文書であることを鑑み、そのままにした。
9.（朝鮮語）は、北朝鮮の文献または資料であることをさす。

序　章

1 研究課題

本書は、植民地期、朝鮮独立後と続く韓国および北朝鮮のビール産業の足跡を辿ることを試みたものである。

まず、本書の課題を説明しよう。

いうまでもないが、経済学において「今問うべきは、ときどき突然スイッチが入ったかのように急成長する国があるのはなぜか」[1]という重要な課題がある。これに関連して、如何なる国よりも目覚ましい経済成長を成し遂げてきた韓国は、経済史において、注目の的となってきている[2]。

もちろん、朝鮮・韓国経済史においても、それは最も重要な課題として取り扱われており、その理由または原因を究明する過程においては、そうした急成長を可能にしたのは、如何なる「担い手」（＝主体）であったのかが主に注目されてきた。

まず、解放前（＝戦前）については、植民地期における朝鮮経済発展を牽引していた工業化の担い手として、これまで注目されてきたものは、主に「市場」[3]または「政府」[4]であった。敷衍すると、金洛年および堀和生は、朝鮮内の「民需」を中心とする「市場」の拡大が日本から

1）Paul Krugman「私はどのようにしてノーベル賞経済学者になったか」『COURRiER Japon』Vol. 71、2010 年 10 月、50 頁、Paul Krugman, *The Age of Diminished Expectations*, The MIT Press, 1997.

2）ダグラス・C・ノース『制度原論』東洋経済新報社、2016 年、1 頁。

3）金洛年『日本帝国主義下の朝鮮経済』東京大学出版会、2002 年、堀和生『朝鮮工業化の史的分析』有斐閣、1995 年。

4）Carter J. Eckert, *OFFSPRING OF EMPIRE: The Koch'ang Kims and the Colonial Origins of Korean Capitalism, 1876-1945*, University of Washington Press, 1991.

の資本・商品を誘引し、朝鮮内の生産を促進する需要基盤として作用したとして、朝鮮経済の発展を「市場」の機能によるものだと捉えている。そして、原朗や Eckert は、植民地期における朝鮮経済発展の担い手は総督府（＝政府＝政策）の影響であったと主張している。

　また、解放後（＝戦後）に関しては、韓国経済発展の担い手として、主に政府が注目されてきた[5]。

　要は、解放前において、重視されていた担い手は、市場または政府（＝「政府または戦争」）であるのに対し、解放以降において重要視されてきた担い手は、政府なのである。

　しかしながら、以上の捉え方もしくは主張は、経済成長の担い手を把握するに際して、いくつかの問題点を抱えていると考えられる。その問題点ならびに考慮・修正すべき点とは、以下のように整理できる。

　まず、戦前において、①原が主張する工業化とは、総督府による工業化政策を背景にして推進された工業化の性格を持つものであった。だが当時、朝鮮内の「民需」を軸とする「市場」の拡大が日本から資本・商品を誘引した側面も大きかったことも事実である[6]。であるならば、「市場」と「政府」のどちらかのみによって工業化の進展を完全に説明することは無理があると思える。

　次いで、戦前かつ戦後に対しては、②経済発展における最も主要な担い手として、市場および政府とともに「企業」および「企業家」があげ

　原朗『日本戦時経済研究』東京大学出版会、2013 年。**筆者は、植民地期における朝鮮経済発展に対する総督府（＝政府＝政策）の影響を明らかにした功績は、原朗にあると考えている。**

5）ハン・ヨンチョル（한영철）『後発産業化と国家の動学』（韓国語）、ソウル大学校出版部、2006 年、野副伸一「朴正煕の開発哲学―農業開発中心から輸出主導型経済へ」、『亜細亜大学アジア研究所紀要』（25）、1998 年 3 月。

6）林采成『戦時経済と鉄道運営―「植民地」朝鮮から「分断」韓国への歴史的経

られる。しかしながら、これまでは企業分析が等閑視され、政府・企業・市場の機能や役割ばかりが強調されていた。いいかえれば、それら担い手の「失敗」についてはほとんど検証されてこなかったのである。だが、韓国経済発展の原因や理由を正確に捉えるためにも、それらの失敗への検討は不可欠な作業であるだろう[7]。

それゆえ、本書においては、朝鮮・韓国のビール産業の歩みを観察するに当たって、次のように、これらの問題点や欠点を補完する。

①まず、より正確な朝鮮経済発展の担い手の究明を可能にするため、「市場」と「政府」のそれぞれの役割を捉える。

②朝鮮工業化さらには韓国経済の担い手に対する分析を深めるという趣旨のもと、同工業化や同経済に対し、企業および企業家がいかに適応、または寄与したかについても明らかにする。要するに、本書では、朝鮮・韓国経済成長において、その担い手として、「企業」および「企業家」、「政府」、そして「民需」の側面を主とする「市場」[8]が如何なる役割を果たしていたかを明確にする。

③政府・企業・市場の役割または貢献ばかりではなく、それらの失敗や弊害をも明確にする。

以上のように、既存の研究方法における問題点を補完・修正するのが、本書の第一の課題である。

次に、本書の検証は、植民地朝鮮・韓国・北朝鮮のビール産業の全容

路を探る』東京大学出版会、2005年。

7）武田晴人『異端の試み』日本経済評論社、2017年、武田晴人『談合の経済学』集英社、1999年を参照されたい。

8）本書においては、朝鮮内の「民需」の拡大が日本からの資本・商品を誘引した

序章 **15**

を捉えたうえで、「韓国・北韓[9]比較研究」へ寄与できると考える[10]。

　事実、冒頭で触れた「なぜ韓国は目覚ましい経済成長を成し遂げることができたのか」という問いは、解放直後においては韓国と比べ2倍近く（64.8%）工業化が進んでいた北朝鮮経済が衰退の道を歩んでいったのに対し、北朝鮮と比しそれほど工業化が発展していなかった韓国（35.2%）が如何に世界の中でもまれな経済発展を達成できたのか、という問いに言い換えることもできる。すなわち、韓国経済の成長要因を探ることは、南北朝鮮の経済比較研究にも関連するのである。

　そのような問題に対し、本書は、韓国および北朝鮮におけるビール産業のケーススタディーを行い、加えて解放後の韓国における経済発展のメカニズムの分析を若干試みる。

　つまり、本書では、韓国・北韓比較研究により二国の制度的な相違などを探ることによって、韓国経済発展のメカニズムを究明する。

　第三は、第二の課題と深く関連するが、「北朝鮮経済史」、「北朝鮮産業史」にも役立つと思われる。

　ここで北朝鮮経済の研究状況について触れると、和田春樹が述べている如く、「世界的にみて北朝鮮研究のレベルはけっして高くない」[11]。なかでも、北朝鮮の経済・産業に関する研究は特にそうである[12]。

　　姿を「市場」の役割として捉える。予めお断りしておきたい。

9) 北朝鮮のこと。

10) Alfred DuPont Chandler, Jr, *The Visible Hand: the Managerial Revolution in American Business*, Belknap Press, 1977 を参考にされたい。この課題は、「歴史を扱う科学（進化生物学、古生物学、疫学、歴史地質学、天文学など）では過去の事柄について統制実験はできないため、可能な限り、条件が揃った事例を見つけて比較するという手法の『自然実験』あるいは『比較法』においても、最も重要な課題である」。

11) 和田春樹『北朝鮮―遊撃隊国家の現代―』岩波書店、1998年、3頁。

16

　従って、これまでほとんど進捗を示してこなかった北朝鮮産業史を補うという趣旨の下、未だに「空白」とされている北朝鮮のビール産業を取り扱いつつ、同経済へのより客観的な検討を試みる。これが本書の第三の課題である。

　次いで、第四の課題は、朝鮮経済史において最も重要な課題ともいえるが、植民地期の日本の影響などを把握するため、朝鮮人と「朝鮮工業

---

12) ただ、その数少ない北朝鮮経済に関する研究として、木村光彦『北朝鮮の経済』創文社、1999年、梁文秀『北朝鮮経済論』信山社出版株式会社、2000年、木村光彦・安部桂司『北朝鮮の軍事工業化』知泉書館、2003年、小牧輝夫『経済から見た北朝鮮』明石書店、2010年、が挙げられるが、そのうち、木村光彦［1999］は、朝鮮戦争中に米軍が収拾した資料や旧ソ連のペレストロイカを機に公開された公文書などを用いながら、日本統治時代の戦時統制経済から90年代の危機的段階に至るまでの過程を「全体主義の連続性」という視点から論じている。また、木村光彦・安部桂司［2003］は、植民地期の軍事工業化が朝鮮戦争に結びついたプロセスを分析したものである。そして、梁文秀［2000］は、「北朝鮮の経済は、戦略の有効性の低下、戦略実行段階での具体的な政策の失敗、初期条件の制約、外部環境的要因等の複合作用によって、外貨不足および輸入不振、エネルギー不足、原材料不足、インセンティブ低下、技術的立ち遅れ、蓄積上の隘路発生、計画の擬制化などをもたらし、結局マイナスの成長の持続、深刻な食糧難、工場稼働率の落ち込み、極端な物不足を引き起こした」（309頁）という近年の北朝鮮経済の「低迷のメカニズム」を解明したものである。なお、小牧輝夫［2010］は、「北朝鮮経済についてできるだけ客観的に分析し、来るべき日朝国交正常化に際して情報提供の役割を果たすべく、……［中略］……［北朝鮮が発表した公式文献や断片的な情報のほかに、日本、韓国、中国、あるいは米国や国際情勢での研究や情報を総合的に検討」（4頁）したものである。
　一方、同様に、「北朝鮮産業史」もほとんど進捗を見せていない状況である。具体的には、北朝鮮産業史と関連をもつ研究成果は、管見の限り、①林采成「解放後の北朝鮮における鉄道の再編とその運営実態」、『日本植民地研究』第26号、日本植民地研究会、2014年と、②堤一直『植民地朝鮮・北朝鮮における工業化過程の非連続性分析―製鉄部門に着目して―』（早稲田大学大学院アジア太平洋研究科博士学位論文）、2016年、のわずか二点にとどまっている。

化」との関係を明確にするということである[13]。

　これまで朝鮮人と工業化との関係については、まず「内在的発展論」が「日帝時代の開発は一言で言えば『日本人たちの、日本人たちによる、日本人たちのための開発』」であったと力説している。同論によれば、植民地期の開発は、朝鮮人とはほぼ無関係なものだったのである。さらに、同論は、そうした中で、当時「脇役」にすぎなかった朝鮮人の「成長」は抑制されていたと主張している[14]。それに対し、「近代化論」[15] は、1930年代以降の経済発展を牽引していた「民需工業」を取り上げ、生活面と深いかかわりを有する同工業などが現地の朝鮮人と無関係であったとは考えられず、さらに、植民地時代の末期には、朝鮮の工業会社払込総額の 10% にもあたる部分を朝鮮人自身が有するようになるなど、朝鮮人は確かに成長していたとして異議を唱えている。

　従って、本書では、本課題を一層掘り下げて考察するという趣旨のもと、後述するように、「民需工業」であるビール産業と朝鮮人との関係、および同産業での「一定の人的資本形成」について探るとともに、同産業における朝鮮人の実態ないし成長にも注目する[16]。

2　なぜビール産業なのか

　次に、研究対象をビール産業にした理由について記す。
　第一は、ビール産業においては、資料的に、その成長を牽引していた

---

13) 朝鮮史研究会編『朝鮮史研究入門』名古屋大学出版会、2011年、260頁。
14) 前掲『戦時経済と鉄道運営──「植民地朝鮮」から分断「韓国」への歴史的経路を探る』を参照されたい。
15) 前掲『日本帝国主義下の朝鮮経済』。
16) 史料の制約のために、その全貌を捉えることはできなかった。

企業、政府（＝総督府）、市場の存在が確認可能であるためである。本書の第一課題に立脚し、ビール産業は、それらの朝鮮経済への貢献を確かめるのには好材料の産業といえる。

第二は、後述するように（＝3　ビール産業の位置付け）、同産業が、経済発展を主導した工業部門の主要産業、とりわけその酒類産業の一角をなしていたからであり、また、「近代化論」が重要視している民需工業の1つでもあるためである。

第三は、同産業に関する研究が未だ「空白」として残されているためである。すなわち、朝鮮・韓国経済の一翼を担っていたビール産業の実状は未だに明らかになっていない点が多いということである。敷衍すると、まず先行研究としては、白珍尚「韓国ビール産業の発展」、ムン・チョンフン（문정훈）ほか「OB ビール 80 年経営史および革新力量分析」、キム・ドンウン（김동운）「斗山グループの形成過程、1952 ～ 1996 年」、キム・ドンウン（김동운）「韓国財閥の初期形成過程：斗山グループの一代朴承稷商店、1925 ～ 1945 年」しか見当たらない [17]。だが、これらの論文は、植民地期のビール産業に関してほとんど触れていない。その他、『麒麟麦酒の歴史：戦後編』[18]、『麒麟麦酒株式会社五十年史』[19] など昭和麒麟麦酒の社史および、同社の後身ともいえる OB ビールの社史や『斗山

17）白珍尚「韓国ビール産業の発展」『立命館経営学』第 45 巻第 1 号、2006 年 5 月、ムン・チョンフン（문정훈）ほか「OB ビール 80 年経営史および革新力量分析」、『経営史学』第 28 集第 3 号（韓国語）、韓国経営史学会、2013 年 9 月、キム・ドンウン（김동운）「韓国財閥の初期形成過程：斗山グループの一代朴承稷商店、1925 ～ 1925 年」、『経済学研究』第 44 巻第 3 号（韓国語）、1996 年、キム・ドンウン（김동운）「斗山グループの形成過程、1952 ～ 1996 年」、『経営史学』第 18 巻第 0 号（韓国語）、1998 年。
18）麒麟麦酒株式会社広報室編『麒麟麦酒の歴史：戦後編』麒麟麦酒株式会社、1969 年。
19）麒麟麦酒株式会社『麒麟麦酒株式会社五十年史』麒麟麦酒株式会社、1957 年。

序　章　19

表序-1　生産額（単位：円、%）

年	b 食料品計	c 酒類計	d 麦酒計	b/工場生産額計	c/工場生産額計	d/c
1934	259,261,473	55,249,452	1,763,800	53.3%	11.4%	3.2%
1935	325,726,912	71,956,896	3,672,829	50.6%	11.2%	5.1%
1936	320,580,184	85,047,289	5,765,728	44.5%	11.8%	6.8%
1937	393,489,915	N/A	N/A	40.7%	N/A	N/A
1938	447,595,991	98,790,419	6,951,583	38.4%	10.3%	7.0%
1939	452,533,214	137,895,392	10,902,220	31.0%	9.4%	7.9%
1940	469,157,954	N/A	N/A	25.0%	N/A	N/A

出典）朝鮮総督府編『朝鮮総督府統計年報』1938–40年版；白珍尚「韓国ビール産業の発展」『立命館経営学』第45巻第1号、2006年5月。

表序-2 ビール産業の産業上比重（単位：億ウォン）

	国民総生産 a	製造業付加価値 b	b/a	飲料品製造業付加価値	ビール付加価値 c	c/a	c/b
1954年	566.7	60.1	10.6%	-	1.4	0.2%	2.3%
1955	950.2	103.5	10.9%	-	4.9	0.5%	4.7%
1956	1,219.8	136.2	11.2%	-	5.9	0.5%	4.3%
1957	1,629.9	178.1	10.9%	-	6.4	0.4%	3.6%
1958	1,720.8	200.7	11.7%	-	7.0	0.4%	3.5%
1959	1,854.5	234.3	12.6%	-	9.6	0.5%	4.1%
1960	2,107.1	267.1	12.7%	-	12.6	0.6%	4.7%
1961	2,396.1	305.1	12.7%	-	12.8	0.5%	4.2%
1963	-	615.4	-	56.4	8.2	-	-
1965	-	1,097.4	-	109.1	32.5	-	-
1969	-	4,260.4	-	320.3	117.1	-	-

出典）韓国産業銀行調査部編『韓国の産業』（韓国語）、韓国産業銀行調査部、1962年（もとは、『韓国統計年鑑』）；同『韓国の産業』（韓国語）、韓国産業銀行調査部、1966年；同『韓国の産業』（韓国語）、韓国産業銀行調査部、1971年。

表序-3　ビール出荷量の推移（単位：kl）

年	ビール （①）	①/②	酒類合計 （②）
2007	1,714,718	57.4%	2,989,105
2008	1,772,800	57.2%	3,098,022
2009	1,715,168	58.2%	2,946,713
2010	1,725,037	58.4%	2,952,213
2011	1,738,759	58.7%	2,960,918

出典）㈱アジア産業研究所『韓国経済・産業データハンドブック』2012年版、㈱アジア産業研究所、2013年。

の物語』[20] が存在する。だが、これらは、その資料的価値は高いものの、学術研究の成果とはいい難いものである。しかも、それらは、昭和麒麟麦酒株式会社のライバル社でありながら同社とともにビール産業を牽引していた朝鮮麦酒株式会社に全く言及しておらず、当時のビール産業の全体像を把握できていないのである。

3　ビール産業の位置付け

まず、植民地期におけるビール産業の位置付けは以下のとおりである。

1900 年から 1940 年にかけて、1 人当り実質 GDP は 455 ドルから 893 ドルへと増加した。その中でも急激に増加したのが、工業部門であった。1915 年から 1940 年までの産業別生産額において、農業生産額が約 3 億 3,000 万円（以下、約省略）から 19 億 2,000 万円へ、工業生産額が 5,000 万円から 18 億 7,000 万円へ、その他の産業が 1 億円から 7 億

---

20) オム・グァンヨン（엄광용）『斗山の物語』（韓国語）、ブックオション社、2014 年。

4,000万円へと増加した。農業部門、その他産業部門と比較して、工業部門の増加率が非常に高かったといえる[21]。

そうした中、総工業生産額において酒類のそれはかなりのシェアを占めていた。例えば、1938年の工産額のなかで最も多かったのは、酒類の9,879万円（総額の10.3%、以下同じ）で、肥料の9,056万（9.4%）、織物の7,132万円（7.5%）、工業製品の6,267万円（6.5%）、煙草の5,327万円（5.6%）を上回っていた[22]。そうした中、ビールは、酒類の生産額に対するシェアにおいて、**表序–1**のように、1934年に3.2%を記録したが、1939年には7.9%にまで上昇するなど、酒類産業における地位を徐々に高めていった。

つまりは、ビール産業は、1900年から1940年にかけて急激に成長した工業部門において主要産業であった酒類産業の中で、その重要性を増していったのである。

さらに、解放後も、同産業の躍進ぶりが劣ることはなかった。同産業は、韓国の経済発展を牽引した「韓国工業化」の一角をなしていた[23]。

そもそも、解放後における韓国の一人当り実質GDPでは、1945年から1980年にかけて687ドルから4,114ドルへと推移していった。

該当期間における産業構造の変化に関しては、第一次産業の比率が40%から18%へと下落し、また、第三次産業が48%から46%と漸減していった一方、第二次産業（＝鉱工業部門）の比率が13%から36%へと上昇していったのである[24]。そうした中、ビール産業が国民総生産

21）李光宰『韓国電力業の起源』柘植書房新社、2013年、序章を参照されたい。

22）朝鮮総督府偏『朝鮮総督府統計年報：昭和十三年』朝鮮総督府、1940年、9頁。

23）李光宰『韓国石油産業と全民濟』柘植書房新社、2017年、序章を参考にされたい。

24）補足すると、製造業部門は、1950年代において、年平均7.3%の高い成長率

額の中において占める比重は、**表序 –2** の如く、1957 年と 1958 年を除いては増加しつづけ、1954 年の 0.3％から、1961 年には 0.6％へと倍増、製造業の中で占める比重も高まっていく中 [25]、ついに「庶民のお酒」の 1 つとして定着するに至る（**表序 –3 参照**）。

4　研究範囲・構成

本書の研究範囲に関して触れておく。

まず、本書が取り扱う時間的範囲は、1910 年からおよそ 2000 年代までである。これは、【植民地朝鮮➡韓国＋北朝鮮】におけるビール産業の全容を捉えるためである。

次いで、本書の構成は、次のとおりである。

序章

Ⅰ　植民地期のビール産業

Ⅱ　解放後のビール産業

Ⅲ　IMF 以降のビール産業

Ⅳ　北朝鮮のビール産業

終章

を見せたのみならず、1960 年代から 1980 年代まで年平均 10％以上の実質成長率を記録した。さらに、1990 年代においても、年平均 6.1％の成長を記録するなど、韓国の経済成長はこの製造業部門によって牽引されてきたといえよう。製造業部門の経済成長に対する寄与率（製造業部門の対前午増加額／産業別 GDP の対前年増加額の百分率）を計算してみると、1961 ～ 2002 年までの間に年平均 33％であった。韓国経済成長率の 3 分の 1 は、製造業部門の成長によって可能であったのである。

25）韓国産業銀行調査部偏『韓国の産業』（韓国語）、韓国産業銀行調査部、1962 年、230 頁。

コラム　韓国マートで最も多く売れた輸入ビールは「日本のビール」

　18日、ロッテマートが1月から16日までの輸入ビール販売実績を分析したところ、アサヒなど確固たるブランドを持つ日本のビールが全体輸入ビール売り上げの22%を占め、1位となった。一方、ビールの本場と言われるドイツは大きな差をつけられ2位（16%）となり、かろうじて面子を保った。ロッテマートの輸入ビール売り上げの割合は51.1%となり、史上初めて韓国ビールの売り上げを上回った。

　最近では輸入ビール市場でアジアビールが強勢だ。アジアビールの売り上げの割合は輸入ビールの売り上げの33.7%で、3年連続で増加している。一方、2015年売り上げの60.7%を占めた欧州ビールは58.2%に下落した。

　アジアビールの躍進には中国ビールの人気が一役買った。中国ビールの売り上げ比重は現在7.5%（6位）で毎年増加している。これは「両串にはチンタオ」という言葉が流行するほど、チンタオ一つで成し遂げた結果だ。日本のビールは4大ビール（キリン・サントリー・サッポロ・アサヒ）が一様に売れ、「桜の花エディション」など限定版ビールも良い反応を得た。

　ロッテマート側は「このような結果は輸入ビール市場が成熟期に入っているため」と説明した。市場形成初期には消費者が様々なビールを味わう楽しみを重視していた。だが、市場が成熟期に入りながら消費者は自身の口に合ったブランドを繰り返して購入する時点が到来したということだ（『中央日報』日本語版2017年7月18日）。

I 植民地期のビール産業

図Ⅰ-1-a　サッポロビールの広告

出典）ハガキ（筆者所蔵）。

1　朝鮮ビール産業の誕生：昭和麒麟麦酒㈱と朝鮮麦酒㈱

　朝鮮でビール販売が始まったのは 19 世紀末からであるが、初めて販売されたのは札幌ビールであった（図Ⅰ-1 参照）。その後、恵比寿ビール、アサヒビール、麒麟ビールが朝鮮に相次いで参入し、さらに、1921 年からは、ユニオンビール、サクラビールなどが参入した[1]（図Ⅰ-2 参照）。そうした中で優位にあったのは、麒麟麦酒京城支店などを通じて、販売

---

[1] 斗山グループ企画室『斗山グループ史』（韓国語）、斗山グループ、1987 年、169 頁。そのため、当時は、ビールをよく「札幌ビール」と呼んでいた。

Ⅰ 植民地期のビール産業 27

図Ⅰ-1-b 朝鮮博覧会にて

図Ⅰ-2 サクラビール（仁川）

表 I -1　麦酒における輸移入高（単位：石）

年	生産高	輸移出高	輸移入高	麒麟麦酒㈱の輸入量（一箱（640ml24瓶））	麒麟麦酒㈱の市場シェア（%）
1913	0	0	18,607	N/A	N/A
1929	0	0	33,146	182,852	48.5
1930	0	0	26,553	176,742	49.1
1931	0	0	28,394	146,542	46.7
1932	0	0	33,085	148,010	44.6
1933	16,297	417	25,256	N/A	N/A
1934	39,790	N/A	10,941	N/A	N/A
1935	59,563	N/A	11,427	N/A	N/A
1936	75,355	N/A	10,777	N/A	N/A
1937	87,702	N/A	11,420	N/A	N/A
1938	104,903	N/A	12,203	N/A	N/A
1939	83,490	N/A	19,601	N/A	N/A
1940	94,352	N/A	16,289	N/A	N/A
1941	97,846	N/A	21,637	N/A	N/A

出典）朝鮮酒造協会『朝鮮酒造史』朝鮮酒造協会、1935年；友邦協会『朝鮮酒造業界四十年の歩み』1969年；斗山グループ企画室『斗山グループ史』（韓国語）、斗山グループ、1987年。

I 植民地期のビール産業 **29**

拡大に力を注いできた麒麟ビールであった[2]（**表 I‑1 参照**）。

　ところが、その後、内地から朝鮮へのビールに移入税が課せられたこと、現地における消費税は移入税より低かったこと、また、朝鮮におけるビール需要が増えてきたこと、さらに、「内地」では需要が停滞して熾烈な販売競争を繰り返し、収益が低下していたことから、朝鮮現地にビール工場を作ることが有利と考えられるようになった[3]。

　そこで、大日本麦酒株式会社（以下、大日本麦酒）と日本麒麟麦酒株式会社（以下、日本麒麟麦酒）が朝鮮でのビール工場設立に乗り出した[4]。

---

2)　前掲『麒麟麦酒の歴史：戦後編』4頁。

3)　前掲『麒麟麦酒株式会社五十年史』1957年、122頁、同上、62頁、東洋ビール株式会社『OB 二十年史』（韓国語）、東洋ビール株式会社、1972年、61頁。

4)　日本にビール醸造技術が伝わったのは 1870 年以降である（**図 I ―①参照**）。つまり、W．コープランドが 1869 年に横浜の天沼にスプリング・ヴァレー・ブルワリーを、渋谷庄三郎が 1872 年に大阪に渋谷麦酒を、野口正章が 1897 年に甲府に三ッ鱗麦酒を設立したことで、日本のビール醸造が始まったのである。その後、多くのビール醸造所が創業するようになり、1887 年から 1901 年までの間が最も盛んな頃で、ビール戦国時代といわれ，全国におよそ 70 社（100 を越える銘柄）——その中で有力なものは 1855 年に設立されたジャパン・ブルワリー（1888 年に「麒麟麦酒」発売）、1887 年に東京目黒に設立された日本麦酒醸造（1890 年に「ヱビスビール」）、1889 年に大阪吹田に設立された大阪麦酒（1892 年に「アサヒビール」）などである—が存在していた。これらの各社が醸造するビールはほとんどがピルスナータイプで、この時代以降、日本ではこのタイプのビールの製造が主流となった。1901 年のビールへの課税開始前後から中小のビール会社が相次いで消えていく一方、1906 年に札幌麦酒、日本麦酒醸造、大阪麦酒の 3 社の大合同によって大日本麦酒（シェア 72%）が組織された。第一次大戦の勃発を契機に、ビール産業は飛躍的な発展を遂げたこととなる。また、1923 年には、大日本麦酒、麒麟麦酒、日本麦酒鉱泉の 3 社で価格協定が結ばれ、

30

　二社のうち、先に朝鮮に進出したのは大日本麦酒であった。同社は、後述する如く、かつての「営業一切」と「資本と技術」をベースに、新たな醸造設備を加えた「別会社」の朝鮮麦酒株式会社（以下、朝鮮麦酒）を 1933 年 8 月に設立、販売・製品出荷を開始したのである[5]。

　一方、日本麒麟麦酒は、1932 年に大日本麦酒が朝鮮に工場建設を決定したとの情報を得ると、1932 年 12 月 30 日、磯野長藏専務を急遽京城に派遣、候補地選定に着手した後、「駅に近く、鉄道引込線もあって好適な土地であった」鐘紡所有の京城府永登浦町 582 の土地[6] を買収した[7]（図 I‐3 参照）。そして、同社は「必要な機械は（麒麟麦酒─引用者）仙台工場の設備の一部を転用することで、急場を間に合わせ」[8]、1933 年 12 月 8 日、年産 4 万石の生産能力を持つ昭和麒麟麦酒株式会

　1928 年には 3 社の間で生産・販売協定が結ばれた。さらに、1933 年には日本麦酒鉱泉を吸収合併した大日本麦酒と麒麟麦酒で、麦酒協同販売が創設され、まさしく完璧な業界協調体制が組織されたのである。その後、日本は戦争の長期化が予想され、1938 年以降「統制経済」時代に入る。ビールは 1940 年から配給制となる（水川侑『日本のビール産業』専修大学出版局、2002 年、7 ～ 9 頁）。そして、日本のビール産業は、企業分割から戦後のスタートを切る。1948 年、トップメーカーだった大日本麦酒が GHQ から過度経済力集中排除法により分割するよう指定を受け、翌 49 年には東日本地域を中心とする日本麦酒（サッポロビール）と西日本中心の朝日麦酒（アサヒビール）とに分割された。その後、サッポロとアサヒは業務用を中心に営業をする。これに対し、業務用に弱かったキリンは家庭用ビール市場に力を入れ、家庭用ビールシェアを上げていく（永井隆『サントリー対キリン』日本経済評論社、2014 年、100、102 頁）。

5) 中外産業調査会『人的事業大系：飲食料工業編』中外産業調査会、1943 年、342 頁、東洋経済新報社編『朝鮮産業の決戦再編成』東洋経済新報社京城支局、1943 年、137 頁、キリンビール株式会社 C & I 年史センター編『キリンビールの歴史』キリンビール株式会社、1999 年、48 頁。

6) 永登浦地域は、ソウル市中心部から漢江を隔てて南西部に位置する。漢江の氾濫に脅かされてきたため、19 世紀までは一近郊農村にすぎなかったが、1901 年に京仁鉄道と京釜線の分岐点という交通の要衝となる。鉄道敷設と前後して煉

図 I -3-a　大京城工場地帯略図

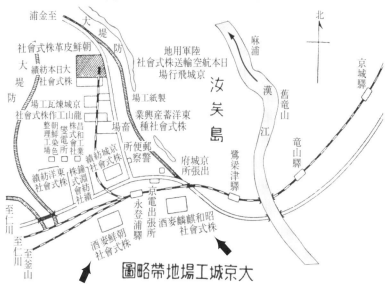

出典）金明洙「1930年代における永登浦工場地帯の形成」『三田学会雑誌』101巻1号；ソウル特別市永登浦区『永登浦区誌』（韓国語）、ソウル特別市永登浦区、1991年。

図 I -3-b　1930年代の永登浦駅

出典）ハガキ（筆者所蔵）。

図I-4-a　朝鮮麦酒（株）

図I-4-b　朝鮮麦酒（株）

I 植民地期のビール産業　33

図I-4-c　朝鮮麦酒（株）

図I-4-d　朝鮮麦酒（株）

図I-4-e 朝鮮麦酒(株)

図I-4-f 朝鮮麦酒(株)

出典) 国家記録院の資料。

I 植民地期のビール産業 35

図 I-4-g 朝鮮麦酒（株）

表Ⅰ-2 昭和麒麟麦酒㈱と朝鮮麦酒㈱の資産・負債・生産量・業績・収支

昭和麒麟麦酒㈱

年	資産・負債（単位：1000円）				生産量（単位：石、%）	
	公称資本金	払込資本金	法定準備金	別途積立金	昭和麒麟麦酒㈱の生産量	昭和麒麟麦酒㈱のシェア
1933	3,000	N/A	N/A	N/A	0	-
1934	3,000	N/A	N/A	N/A	10,380	55.6%
1935	3,000	1,200	8,000	20,000	22,258	54.3%
1936	3,000	1,200	N/A	N/A	34,444	56.5%
1937	3,000	1,200	N/A	N/A	39,176	53.0%
1938	3,000	1,200	N/A	N/A	47,642	54.0%
1939	3,000	1,200	N/A	N/A	61,235	55.5%
1940	3,000	1,200	N/A	N/A	43,326	55.1%
1941	3,000	1,200	N/A	N/A	54,324	55.5%
1942	3,000	1,200	N/A	N/A	52,735	53.7%
1943	3,000	1,200	13,000	50,000	44,763	48.8%
1944	3,000	1,200	N/A	N/A	43,599	46.8%
1945	3,000	1,200	N/A	N/A	10,191	45.3%

朝鮮麦酒㈱

年	資産・負債（単位：1000円）				生産量（単位：石、%）	
	公称資本金	払込資本金	法定準備金	別途積立金	朝鮮麦酒㈱の生産量	朝鮮麦酒㈱のシェア
1933	4,500	1,600	0	0	0	-
1934	6,000	1,500	N/A	N/A	8,274	44.4%
1935	6,000	1,500	N/A	N/A	18,734	45.7%
1936	6,000	1,500	20,000	43,000	26,536	43.5%
1937	6,000	1,800	31,000	78,000	34,742	47.0%
1938	6,000	2,400	45,000	118,000	40,594	46.0%
1939	6,000	2,400	53,000	138,000	49,189	44.5%
1940	6,000	N/A	N/A	N/A	35,333	44.9%
1941	6,000	N/A	N/A	N/A	43,591	44.5%
1942	6,000	N/A	N/A	N/A	45,521	46.3%
1943	N/A	N/A	N/A	N/A	47,050	51.2%
1944	N/A	N/A	N/A	N/A	49,659	53.2%
1945	6,000	3,000	N/A	N/A	12,287	54.7%

出典）昭和麒麟麦酒株式会社「会社現状概要報告書[昭和麒麟麦酒株式会社]」;昭和麒麟麦酒㈱「朝鮮麦酒㈱「営業報告書」各回;東洋経済新報社編『東洋経済株式会社年鑑』各年度版;中外産業社編『大陸会社便覧』昭和16-18年版;朝鮮総督府『朝鮮総督府統計年報』各年版。

業績・収支（単位：1000円）					
収入	支出	製造費	利益金	利益率	配当率
N/A	N/A	N/A	N/A	N/A	0.50
N/A	N/A	N/A	74	N/A	0.80
1,300	1,150	631	150	N/A	0.80
N/A	N/A	N/A	N/A	N/A	
2,190	1,920	N/A	270	22.5	0.80
3,013	2,676	N/A	337	28.1	0.80
3,826	3,457	N/A	369	30.8	0.80
3,963	3,438	N/A	525	43.8	0.80
4,628	1,164	N/A	678	56.5	0.90
6、500以上	N/A	N/A	N/A	60.0以上	0.90
9,840	9,599	259	242	N/A	0.90
N/A	N/A	N/A	228	N/A	1.00
N/A	N/A	N/A	N/A	N/A	N/A

業績・収支（単位：1000円）					
収入	支出	製造費	利益金	利益率	配当率
7.6	8.9	N/A	−1.3	N/A	N/A
N/A	N/A	N/A	N/A	N/A	N/A
1,500	989	N/A	511	31.3	8.0
1,500	1,324	340	176	21.5	8.0
1,500	1,580	365	−80	26.7	8.0
2,272	1,219	480	1,053	19.8	8.0
2,709	2,427	N/A	282	23.5	8.0
2,709	2,483	N/A	226	17.4	8.0
2,957	2,496	N/A	461	30.7	9.0
3,810	3,379	N/A	431	28.7	9.0
N/A	N/A	N/A	N/A	N/A	9.0
N/A	N/A	N/A	N/A	N/A	N/A
N/A	N/A	N/A	N/A	N/A	N/A

「営業報告書」各回；「朝鮮における日本人企業概要調書 No.8 水産業、食料品」；
調査会『人的事業大系：飲食料工業編』中外産業調査会、1943年；東洋経済新報

表Ⅰ-3　昭和麒麟麦酒㈱と朝鮮麦酒㈱の大株主

昭和麒麟麦酒㈱における大株主

年	大株主	株数	総株数	住所
創立時 (1933)	麒麟麦酒㈱	57,800	60,000	横浜市
	伊丹二郎	200		東京市
	磯野長蔵	200		東京市
	山岸慶之助	200		東京市
	朴承稷	200		朝鮮
	金季洙	200		朝鮮
	平沼亮三	200		横浜市
	松本新太郎	200		東京市
	浅野敏郎	200		兵庫県
	大河源太郎	200		横浜市
1943	麒麟麦酒㈱	総株の大半	60,000	

朝鮮麦酒㈱における大株主

年	大株主	株数	総株数等	住所
1937年	大日本麦酒	68,890	総株数 120,000 株 株主数 683名	東京
	馬越恭一	1,700		東京
	服部玄三	1,000		東京
	朴栄喆	1,000		朝鮮
	大橋新太郎	1,000		東京
	辰馬悦蔵	1,000		兵庫
	小柳商事	1,000		東京
	赤星鉄馬	1,000		東京
	桂成㈱	900		朝鮮
	亀田利吉郎	800		京都
	辻本喜三郎	800		朝鮮
	国分合名	800		東京
1943年	大日本麦酒	68,890	総株数 120,000 株	東京
	馬越恭一	1,750		東京
	元山酒造	1,000		朝鮮
	服部合資	1,000		東京
	留崎富士太郎	1,000		N/A
	大橋新太郎	1,000		東京

出典）①昭和麒麟麦酒㈱は、東洋経済新報社編『大陸会社便覧』昭和16年版（復刻版）、ゆまに書房、2009年、66頁；同編『大陸会社便覧』昭和17年版、65頁；同編『大陸会社便覧』昭和18年版（復刻版）、ゆまに書房、2009年、59頁；東洋麦酒㈱『OB二十年史』（韓国語）、東洋麦酒㈱、1972年、62頁；②朝鮮麦酒㈱は、東洋経済新報社編『東洋経済株式会社年鑑　昭和十二年版』第15回、562頁；同編『東洋経済株式会社年鑑　昭和十三年版』第16回、436頁；同編『東洋経済株式会社年鑑　昭和十四年版』第17回、357頁；東洋経済新報社編『大陸会社便覧』昭和16年版（復刻版）、ゆまに書房、2009年、66頁；同編『大陸会社便覧』昭和17年版、65頁；同編『大陸会社便覧』昭和18年版（復刻版）、ゆまに書房、2009年、59頁；東洋経済新報社編『大陸会社便覧』昭和16年版（復刻版）、ゆまに書房、2009年、66頁；同編『大陸会社便覧』昭和17年版、65頁；同編『大陸会社便覧』昭和18年版（復刻版）、ゆまに書房、2009年、59頁。

I 植民地期のビール産業 39

表 I -4 昭和麒麟麦酒㈱および朝鮮麦
酒㈱の主要陣営の職歴

昭和麒麟麦酒㈱	社長 伊丹二郎	
	1892年	アメリカ留学から帰国
	1893年	日本郵船入社
	1917年	日本郵船退社
	1922年	日本麒麟麦酒取締役就任
	1925年	日本麒麟麦酒社長就任
	専務 磯野長藏	
	1907年	麒麟麦酒設立にともない，設立発起人となる
	1927年	麒麟麦酒専務就任
朝鮮麦酒㈱	会長 大橋新太郎	
	1926年	貴族院議員に勅撰される
		大橋本店頭取，満鉄監査，京城電気・国定教科書共販・朝鮮興業・大日本麦酒の会長
	社長 高橋龍太郎	
	1898年	京都三高卒業
	1898年	大阪麦酒入社後，同社の製造部門担当
	1906年	大日本麦酒吹田工場長就任
	1917年	大日本麦酒大阪支店長就任
	1921年	大日本麦酒取締役就任
	1933年	大日本麦酒専務就任
	1937年	朝鮮麦酒社長就任
	常務 木部崎弘	
	1912年	東大医学部薬学科卒業
	1916年	大日本麦酒入社
		朝鮮麦酒の初代工場長就任
		朝鮮麦酒常務就任

出典）中外産業調査会『人的事業大系：
飲食料工業編』中外産業調査会，1943
年。

表 I-5　昭和麒麟麦酒㈱と朝鮮麦酒㈱の役員

昭和麒麟麦酒㈱における役員			朝鮮麦酒㈱における役員		
重役			重役		
	社長	伊丹二郎		会長	大橋新太郎
	専務	磯野長蔵		常務	小林武彦
	取締	朴承稷		取締	関大植
	取締	平沼亮三		取締	朴栄喆
	取締	浅野敏郎	1933年	取締	馬越幸次郎
1933年	監査役	水谷幸太郎		取締	高橋龍太郎
	監査役	山岸慶之助		監査	大倉喜七郎
	監査役	金季洙		監査	韓相龍
	監査役	松本新太郎		監査	片岡隆起
	監査役	大河原太郎		会長	大橋新太郎
	監査役	浜口担		社長	高橋龍太郎
	社長	伊丹二郎		常務	木部崎弘
	専務	磯野長蔵		取締	関大植
	取締	三木承稷		取締	渡辺得男
	取締	金季洙	1943年	取締	山本為三郎
1943年	取締	平沼亮三		取締	田中忠治
	取締	浅野敏郎		取締	柴田清
	取締	大河原太郎		監査	韓相龍
	取締	坂口重治		監査	笠原十司
	監査役	山岸慶之助		監査	酒澤吉司
	監査役	諏訪藤之助	1945年	社長	高橋龍太郎
	社長	磯野長蔵		朝鮮在住取締役	木部崎弘
	取締	三木承稷			
	取締	平沼亮三			
1943年9月	取締	大河原太郎			
	取締	坂口重治			
	取締	江連広吉			
	取締	小山光太郎			
	監査役	諏訪藤之助			
	監査役	浅野敏郎			

出典）表1-4と同じ。

社（以下、昭和麒麟麦酒）を設立し、1934年1月から醸造を開始、その製品を内地と同様に、「キリンビール」の商品名で売り出した[9]。

　以上のように、朝鮮におけるビール産業は、ビール需要増加などをきっかけに、大日本麦酒と日本麒麟麦酒が朝鮮に進出、それぞれ朝鮮麦酒と昭和麒麟麦酒を設立するかたちで具現化されたのである（図Ⅰ-4参照）。

2　朝鮮ビール産業における企業の役割：日本のビール会社は何をやっていたのか？

　では、2では、日本麒麟麦酒と大日本麦酒が朝鮮のビール産業を如何に構築していったのかについて、資本・経営・技術・販売の諸側面から

瓦・土管などの窯業工場の立地を見、朝鮮駐箚軍駐屯地・龍山の対岸であることから、韓国併合後の1911年には軍靴製造の朝鮮皮革会社の工場が置かれる。さらに、1910年代前半には朝鮮勧農株式会社の種苗圃約40町歩が開かれ、これがのちに大きな役割を果たすこととなる。近代工業としては、1923年に京城紡織、1926年に鉄道車輌製造の龍山工作がそれぞれ工場を設置した。その後、日本国内では官製カルテルを実現させるための「重要産業統制法」が制定され（1931年4月）、「内地」の企業は統制を逃れるために、同法が及ばない外地へ進出を図る中、内地大企業の永登浦への進出が相次いだ。（金明洙「1930年代における永登浦工場地帯の形成」『三田学会雑誌』101巻1号、2008年4月、同「植民地期に於ける在朝日本人の企業経営」、『経営史学』44巻3号、2009年12月参照）。

7）前掲『朝鮮産業の決戦再編成』、137頁、前掲『麒麟麦酒株式会社五十年史』、123頁。

8）前掲『キリンビールの歴史』、48頁。

9）前掲『麒麟麦酒株式会社五十年史』、123〜124頁、前掲『朝鮮産業の決戦再編成』、137頁。同社は、当初、「そこに直接分工場を設置する計画を立てた」が、それに対し、朝鮮総督府が「同社の分工場設立を反対し、朝鮮人経営者を包含する別途の法人体を設立させようとした」ため、同社としては、やむを得ず、「別会社にして、地もとから金季洙、朴承ショクの二氏を役員に加え」なければならなかったという（前掲『OB二十年史』、61頁）。

見てみよう。

日本麒麟麦酒は、1934 年に昭和麒麟麦酒の創立総会を日本で開き、昭和麒麟麦酒の総株式 6 万株（300 万円）を発行する。その際日本麒麟麦酒は、昭和麒麟麦酒の総発行株式の約 96％を所有し、朝鮮麦酒の最大株主となった（表 I - 2 および表 I - 3 参照）。つまり、親会社の日本麒麟麦酒が、のちに朝鮮ビール産業の一軸となる子会社の昭和麒麟麦酒に対しその資金の大部分を提供したのである [10]。

一方、その後同産業のもう一つの柱をなす朝鮮麦酒の資本金もその半額以上は、親会社の大日本麦酒が出資していた（表 I - 2 および表 I - 3 参照）。つまり、「内地」の大日本麦酒も朝鮮麦酒に資金を提供することで、朝鮮における同産業の勃興に寄与することとなったのである。

また、同産業の経営・技術面もまた親会社二社に支えられるかたちで成り立つこととなった（表 I - 4 および表 I - 5 参照）。

まず、昭和麒麟麦酒については、日本麒麟麦酒から派遣された社員が同社の主要メンバーとなっていた [11]。例えば、日本麒麟麦酒の取締役であった伊丹二郎と同社の専務であった磯野長藏がそれぞれ、昭和麒麟麦酒の社長と専務に就任した。

また、朝鮮麦酒では、大橋新太郎（取締役会長）、高橋龍太郎（取締役）などの大日本麦酒の役員が、朝鮮麦酒の役員あるいは重役として就任していた。さらに、大日本麦酒の技術者により、朝鮮麦酒の醸造工場の経営・運営が担われていた [12]。

---

10) イ・ソンテ（이성태）「斗山グループの反民族資本蓄積史」、『月刊マル』59（韓国語）、1991 年 5 月、88 頁、昭和麒麟麦酒「会社現状概要報告書 [昭和麒麟麦酒]」。
11) 前掲『キリンビールの歴史』、53 頁、「朝鮮における日本人企業概要調書 No.8 水産業、食料品」、8 –(19) 頁。
12) 前掲『人的事業大系：飲食料工業編』、342 頁、前掲「朝鮮における日本人企業概要調書 No.8 水産業、食料品」、8 –(20) 頁、「会社現状概要報告書 [朝鮮麦

I 植民地期のビール産業 **43**

さらに、同産業の販売網もまた親会社の二社が作り上げたものであった。すなわち、昭和麒麟麦酒と朝鮮麦酒の販売システムは、それぞれの親会社の京城支店、さらに「京城の10か所、釜山、平壌などの特約店」をそのまま受け継いだものであった[13]。

以上のように、朝鮮のビール産業は、日本の親会社が資金・経営・技術・販売網といった事業に必要な諸要素を提供・整備したことで成立したのであった。

3 政府の役割：国はどうサポートしていたのか？

ここでは、ビール産業の安定・維持をもたらした総督府の役割および、昭和麒麟麦酒と朝鮮麦酒の「保障措置」について述べていこう。

昭和麒麟麦酒と朝鮮麦酒の生産量は、二社の設立後、日本の親会社からの設備などをもとに増加していく。たとえば、昭和麒麟麦酒は、設立直後、「本土」から、1分当り8本の生産能力を持つ「当時としては最新の施設」を導入、生産工場を建設し、さらに1937年には、工場施設を二倍に拡張、その生産能力を8万5,000石にまで引き上げた。また、朝鮮麦酒は10万石の生産能力を整えた上で、その生産量を増やしていった[14]（表I-2参照）。

ただし、その生産は、二社の「鮮内向ビールハ均等ニ生産スルコト」

───────────────

酒株式会社]。

13) 前掲『朝鮮産業の決戦再編成』、137頁、ソウル特別市永登浦区『永登浦区誌』（韓国語）、ソウル特別市永登浦区、1991年、312頁。ところが、その後、酒類が戦時統制下で配給制に転換し、1943年3月、朝鮮中央麦酒販売株式会社が設立、両社の営業組織がそれに統合されることとなる。ただ、同社の会計および庶務処理面においては、昭和麒麟麦酒と朝鮮麦酒が共同で運営するが、各社の販売組織だけは「解放的な機能をそのまま運営」することとなった（前掲『朝鮮産業

の「府議決定」を受け、それぞれ「全鮮麦酒産額ノ五十パーセント」の生産を担うようになったのである[15]（**表Ⅰ‐2参照**）。こうした総督府の決定は、ビール業界における過当競争を事前に防止するための措置であった。言い換えれば、総督府は、正常利潤の獲得を危うくする過当競争を防ぐことが同産業の維持に繋がる、という考えを有していたと考えられる。

そうした中、両社は極めて良好な業績を示していた。昭和麒麟麦酒が、「利益率は6割にも及ぶ。……［中略］……9分配当は余裕綽々である」といった順調な業績を見せ、また、朝鮮麦酒も「成績も順調に向上し戦時下に於ても先づ不安無い結果を示」[16]していたのである（**表Ⅰ‐2参照**）。

このように、両社の経営が順調に推移した背景には、まず、前にも触れたような、資本・経営などの側面における親会社の「庇護」が大きかった[17]。しかし、二社は、それだけではなく、「保障措置」を駆使することによっても良好な業績を上げ続けていた。「両社は（高利益率が保障される―引用者）正常価格を維持するために告示価格以下で流通する

　の決戦再編成』、137頁、前掲『斗山グループ史』、171頁）。
14）前掲「朝鮮における日本人企業概要調書 No.8　水産業、食料品」、8―(19)～8―(20) 頁、『中外商業新報』1938 年 2 月 7 日、前掲「会社現状概要報告書 [朝鮮麦酒株式会社]。
15）前掲「会社現状概要報告書 [昭和麒麟麦酒]」、友邦協会『朝鮮酒造業界四十年の歩み』1969 年、85 頁。「朝鮮におけるビール生産が始まったことによって、大日本麦酒の輸出量は七、二六一石と半減するようにな」った（前掲「韓国ビール産業の発展」、116 頁）。
16）前掲『朝鮮産業の決戦再編成』、137 頁、前掲『永登浦区誌』、311 頁、前掲『OB二十年史』、63 頁。同社は、戦争末期に当る 1943 になっても、「利益率の高い点からして、九分配当に無論不安はあるまい」という経営上の安定性を「誇示」していた（前掲『朝鮮産業の決戦再編成』、137 頁）。
17）同上。

ビールを購入、決算が終わる９月末にはこれを交換」し、「不足分については『相手』に保障措置」を施すことによって、高利益率の維持を可能にしていたのである[18]。すなわち、両社は、そのような防衛的かつ消極的な成長戦略を駆使し、同産業の安定化を図っていたのである[19]。

　要は、同産業は、均等生産という総督府による過当競争の防止策および、二社の「保障措置」に伴う利益保障などによって、その安定・維持が可能だったのである。

4　企業のもう一つの役割：原料自給を目指せ！

　次いで、４では、昭和麒麟麦酒を中心とする原料自給の動きを見ることから、企業のもう一つの同産業への貢献を確かめてみよう。

　昭和麒麟麦酒は、当初、日本から原料、資材を移入して生産を維持していた。「朝鮮、満洲の工場には内地から原料を送っていたのである」[20]。しかし、そののち、原料のホップについては、水原試験場長の湯川又夫[21]の「『ホップはよろしく朝鮮につくるべし』との勧告」を受

18）前掲『キリンビールの歴史』、52頁。
19）Alfred D. Chandler によれば、企業の成長戦略は大きく二つに分類できる。一つは、新しい競争企業が参入するのを制限するためなどの、安定を確保しようという願望に基づく防衛的ないし消極的なものである。もう一つは、より積極的なもので、既存の施設と人員がより集約的に利用できるよう、新しい事業単位を付加するものである (Alfred DuPont Chandler, Jr, *The Visible Hand: the Managerial Revolution in American Business*, Belknap Press, 1977)。
20）前掲『朝鮮産業の決戦再編成』、137頁、前掲『斗山グループ史』、170頁、前掲『麒麟麦酒株式会社五十年史』、131頁、昭和麒麟麦酒「海外事業本来の平和的性格並に活動状況調査報告書 [昭和麒麟麦酒]」、前掲「会社現状概要報告書 [昭和麒麟麦酒]」。
21）湯川又夫の詳しい履歴は不明である。

図 I-5-a　キリンビールの宣伝（南大門）

図 I-5-b　キリンビールの宣伝（漢江）

出典）ハガキ（筆者所蔵）。

Ⅰ 植民地期のビール産業 47

図Ⅰ-6 昭和麒麟麦酒(株)の跡地(永登浦公園)

出典)韓国観光公社 HP より。

48

け [22]、ホップの「自家充当」を目的とする水原農事試験場の研究をもとに [23]、「昭和十三年北鮮恵山鎮ニ於テホツプノ栽培ヲ始メ、全所ニ処理場ヲ建設、ホツプノ処理ヲナス、其製品ハ今ヤ、自家消費ヲ充タシ、余剰ハ日本ニ移出ス」[24] るようにした。

　また、同社は、「内地から移入されたまま設備制限のため保管中の選麦機械一式を使用して選麦し、倉庫をテンネ式発芽室に改造して発芽させ、仕込室の隣室をキルン室に改造して簡素閣ことによって麦芽日産1,000キログラム、年間作業250日で25万キログラムを製造し、年間ビール25万箱の生産に必要な麦芽の4割を自給する計画で」、麦の国内調達をも推進し、忠清南道大田の付近でビール麦の栽培に着手、「好成績」を挙げるに至った。同社は、その後「朝鮮総督府の勧誘」によって、1943年、栽培地を済州島に移し、「済州島の農民との委託契約下」でビール麦の栽培を続けた [25]。さらに、同社は戦争の影響により、1944年から瓶の供給に支障が生じ始めると、ホップ・麦以外にも「自給自足」策を講じ、瓶に関しては、ライバル社であった朝鮮麦酒が自社工場内に1939年に設立した第二日本硝子株式会社（＝東洋硝子株式会社）から空き瓶の一部を調達するようになったのである [26]。

　一方、資料的制約によって、昭和麒麟麦酒の事例のようには確認でき

---

22) 前掲『麒麟麦酒株式会社五十年史』、131 〜 132 頁。
23) 前掲『斗山グループ史』、170 頁。
24) 前掲「会社現状概要報告書 [昭和麒麟麦酒]」、前掲『キリンビールの歴史』、50 頁、前掲『朝鮮産業の決戦再編成』、137 頁。
25) 前掲「海外事業本来の平和的性格並に活動状況調査報告書 [昭和麒麟麦酒]」、前掲「会社現状概要報告書 [昭和麒麟麦酒]」、前掲『麒麟麦酒株式会社五十年史』、131 〜 132 頁。
26) 前掲「海外事業本来の平和的性格並に活動状況調査報告書 [昭和麒麟麦酒]」、前掲「会社現状概要報告書 [昭和麒麟麦酒]」、前掲『斗山グループ史』、170 頁、前掲『OB 二十年史』、84 〜 85 頁。

I 植民地期のビール産業 **49**

なかったが、朝鮮麦酒もまた昭和麒麟麦酒と非常に似通った歩みを見せていた。たとえば、同社はホップの「北鮮」での栽培などの自給策を進めていったのである[27]。

つまり、昭和麒麟麦酒と朝鮮麦酒は、原料自給面からしても、朝鮮ビール産業の維持に寄与していたのである。

5 朝鮮人の実態：朝鮮人は成長していたのか？

次に、本書のもう一つの課題に照らし、朝鮮人の関わりに目を向けてみよう。

まず、資金面に関して両社には朝鮮人の資金が「参与（참여）」[28] していた。**表 I − 3**にあるように、朴承稷（200 株）、金季洙（200 株）、朴栄喆（1,000 株）の朝鮮人が二社の株主として参加していたのである[29]。ただ、朝鮮人の資金は、同表によって確認できるように、僅少なものであった。具体的には、彼らの資金のウェートはあわせて 0.8％にすぎなかった。

次に、経営面においては、両社には、設立当時は、朴承稷（昭和麒麟麦酒の取締役）、金季洙（昭和麒麟麦酒の取締役）、閔大植（朝鮮麦酒の取締役）、朴栄喆（朝鮮麦酒の取締役）、韓相龍（朝鮮麦酒の監査役）の朝鮮人が、役員として関わっていたが（**表 I − 5 参照**）、それは経営陣に対して、朝鮮人を「包含」するようにという朝鮮総督府の指示によるものであっ

27）前掲『朝鮮酒造業界四十年の歩み』、８５頁、前掲『朝鮮産業の決戦再編成』、137 頁。

28）前掲『斗山グループ史』、169 頁。

29）前掲「海外事業本来の平和的性格並に活動状況調査報告書 [昭和麒麟麦酒]」、前掲「会社現状概要報告書 [昭和麒麟麦酒]」、前掲「斗山グループの反民族資本蓄積史」、88 頁。

た[30]。ただし、彼らは「単に陣営に名を列して居るに過ぎ」[31]ず、二社における彼らの役割はきわめて限られていたと推測される。しかも、彼らの内、朴承稷（昭和麒麟麦酒の取締役）、金季洙（昭和麒麟麦酒の取締役）、朴栄喆（朝鮮麦酒の取締役）は、その後、役員名簿に名前が見当たらない。ただし、そうした中で、昭和麒麟麦酒では、朝鮮人が「養成」された結果（**図 I –7 参照**）、1944 年 9 月 31 日時点で、朝鮮人は、同社の職員 59名、従業員 179 名の内、職員数 32 人、従業員 178 人を占めるようになっていた[32]（**表 I – 5 参照**）。

　続けて、需要面において、その主な消費者は「満州往復通過旅行者、鮮内工業の勃興に伴う常在内地人」などの日本人であった。一方、朝鮮人消費者に関しては、「限られた朝鮮人」という極めて少数の朝鮮人だけがビールを消費していたのである[33]。というのも、当時、「ビール価格は 1 本（4 合）に 30 〜 31 銭もしたため、まだ（朝鮮人—引用者）大衆に広く利用されるほど普遍化していなかった」[34]ためである。

　以上を総括すると、両社での朝鮮人の資金は僅かな水準にとどまっており、また、下位層に当る朝鮮人職員・従業員は増えていたものの、同

---

30) 前掲『麒麟麦酒株式会社五十年史』、123 〜 124 頁。

31) 前掲『人的事業大系：飲食料工業編』、344 頁。

32) 前掲「海外事業本来の平和的性格並に活動状況調査報告書 [昭和麒麟麦酒]」、前掲「会社現状概要報告書 [昭和麒麟麦酒]」、前掲「朝鮮における日本人企業概要調書 No.8　水産業、食料品」、8 —19 頁。職員と従業員はそれぞれ、事務職と生産職と見られる。

33) 前掲『朝鮮酒造業界四十年の歩み』、83 頁、前掲『韓国の産業』229 頁、前掲『朝鮮産業の決戦再編成』、137 頁、前掲『OB 二十年史』、90 頁。両社は、朝鮮国内向けの販売と共に、満洲への輸出も行っていた。

34) 前掲『OB 二十年史』、59 頁。「麦酒は 1934 年当時、3 箱半（84 本—引用者）＝米 1 石（= 180ℓ= 160 k g = 22 円 30 銭—引用者）の、高価品」であった（前掲『斗山グループ史』、171 頁）。

I 植民地期のビール産業 51

図I-7 昭和麒麟麦酒(株)の工場内および朝鮮人従業員

出典)朝鮮酒造協會編『朝鮮酒造史』朝鮮酒造協會、1935年;東洋ビール株式会社『OB二十年史』(韓国語)、東洋ビール株式会社、1972年。

52

産業の上位層に該当する朝鮮人役員の役割は形式的であり、かつ継続的なものではなかった。そして、需要面に関しても、朝鮮人の中でビール消費者は少なかったのである。

おわりに

　大日本麦酒と日本麒麟麦酒は、朝鮮におけるビール需要の増加に対応するため、朝鮮に進出、それぞれ朝鮮麦酒と昭和麒麟麦酒を設立し、自社の資本・設備・敷地などをもとに、経営者・技術者を送り、ビール生産を開始、自社販売網を通じて販売していった。そして、その後、両社の子会社は、初め日本からの調達に依存していたホップ・麦・瓶の朝鮮内での「自給自足」を図りつつ、高利益率が保障される正常価格を維持することを目指した。一方、総督府は、ビール業界における過当競争を防止する目的で、朝鮮国内向けビールは二社が均等に生産するという「府議決定」の下、生産量を制限させることによって、同産業を支えていた。つまり、大日本麦酒、日本麒麟麦酒といった企業と総督府がともに、朝鮮経済の一翼を担っていたビール産業の成長および安定化を導いていったのである。そうした中、同産業における朝鮮人の成長はそれほど評価できるものではなく、また、朝鮮人の関わりも限定的なものであった。たとえば、両社においての朝鮮人の出資金は僅かな割合にとどまっていた。また、人的資源面（human resource）から最も重要性を持つ上位層に該当する朝鮮人役員の役割は、きわめて限定的なものであった[35]。さらに、需要面からみれば、朝鮮人は主な消費者ではなかったのである。

35）前掲『戦時経済と鉄道運営―「植民地朝鮮」から分断「韓国」への歴史的経路を探る』を参考にされたい。事実、解放後の韓国の経済的な混乱は、上位層の朝鮮人の成長不足によるところが大きかった。

I 植民地期のビール産業 53

コラム　韓流も追い風　韓国ビール大手、輸出を拡大

ビール世界最大手のアンハイザー・ブッシュ・インベブ傘下の OB ビールは 2011 年以降、輸出が毎年 10% 以上伸びている。これまでは主に ODM 方式で生産したビールを輸出してきたが、現在は「Cass（カス）」や「プレミアム OB」などの自社ブランドも伸びている。中国や香港などアジアで人気を集めた韓国ドラマ『星から来たあなた』で「ビールとチキンを共に楽しむ韓国の食文化が紹介された影響から輸出が伸びている」と同社の関係者はいう。

関税庁によると、韓国製ビールの輸出は増加傾向にあり、15 年の輸出金額は 8,446 万ドル（約 86 億円）と 13 年に比べて 16.9% 増、16 年 1~7 月の実績も前年同期比 3.7% 増えている。規模は小さいが、船舶や鉄鋼など重厚長大系の停滞で全体の輸出が落ち込む中でビールは異例の伸びだ。

最大の輸出先がビールへの税金がかからない香港で全体の約 4 割を占めている。これに中国、イラク、シンガポール、米国、日本が続く。最近ではマレーシアやベトナムなど東南アジア向けが伸びているのが特徴だ。

東南アジアで韓流人気はなお健在だ。「Hite（ハイト）」などの自社ブランドを手掛けるハイト真露は東南アジアを戦略市場とし、韓国の人気俳優のハ・ジョンウ氏を製品のモデルに起用するなど、「韓流マーケティングを活用している」（同社関係者）。同社の東南アジア向け輸出額は 15 年に 761 万ドルと 13 年の 5.2 倍に増えた。

日本では麦芽を 3 分の 2 以上使うビール系飲料を「ビール」と表記できるが、韓国は表記基準が緩く、一部を除いて主要製品は麦芽量が少なく、コクが無いとの指摘が多い。「ビールは北朝鮮が韓国を上回る」（英エコノ

ミスト）という評価もあるが、韓流がマイナスイメージを打ち消した。

　麦芽100%をうたう「Kloud（クラウド）」で14年にビールに参入したロッテ七星飲料は工場の生産能力に余裕がなく現在は国内需要で手いっぱいだが、「いずれは海外でも売り出したい」と意欲をみせている。

　韓国ビールの輸出が伸びる一方で、韓国国内では逆に輸入ビール市場が急拡大し、競争は激化している。関税庁によると、2015年の輸入金額は1億4,186万ドル（約144億円）で、13年に比べて58.2%の大幅増だ。ビールの貿易収支は5,740万ドルの赤字だ。

　韓国の輸入ビール市場ではアサヒビール「スーパードライ」がシェア1位で、サッポロビールやキリンビールなど日本勢が強みをみせる。食文化の多様化から韓国焼酎だけでなく、ビールやワインをたしなむ人が増え、韓国ビールに比べた味の良さから日本ビールの人気が拡大している。

　こうした中で韓国勢もOBビール「プレミアムOB」やハイト真露の「MAX（マックス）」などの麦芽100%をうたうビールが売れている。ロッテ七星飲料は17年までに韓国中部の忠州市の工場の生産能力を拡大し「Kloud」を拡販する計画。韓国勢も味の良さを打ち出した販売戦略を強化している（『日経産業新聞』2016年9月13日）。

Ⅱ　解放後のビール産業

図Ⅱ-1　戦時期の朝鮮麦酒の広告

出典）国家記録院の資料。

1　解放直前後のビール産業：「大東亜共栄圏」の崩壊と「南北分断による地域的な経済循環の断絶」によるカオス

　解放後においては、まず、昭和麒麟麦酒を中心に、朝鮮解放直前から解放後にかけてのビール産業の様相を観察する。一方の朝鮮麦酒については、関連資料・史料がほとんど見当たらないからである。

　既に述べたように、昭和麒麟麦酒の売上額は順調に推移していた。しかし、その後、醸造石数が制限され[1]、さらに、戦争の影響によって「原料確保が難しくなり、操業は短縮され」た結果[2]、1944年の生産実績が約1万石にまで減少してしまった（表Ⅰ-2参照）。

---

1) 昭和麒麟麦酒『第七回営業報告書：第一五年度』3頁。
2) 昭和麒麟麦酒『第一〇回営業報告書：第一八年度』5頁、前掲『韓国の産業』、

表Ⅱ-1　麒麟麦酒㈱の代理店
（1945年8月15日以降）

ソウル	8か所
開城	1か所
大邱	1か所
木浦	1か所

出典）東洋麦酒㈱『OB 二十年史』（韓国語）、東洋ビー
ル株式会社、1972 年。

　また、当時は、「空き瓶の確保がなかなかできな」くなったため、「せっ
かく作った製品さえなかなか販売には至らない」状況が続くこととなっ
た[3]。

　さらに、同社は、戦争の影響によって、「1945 年に至り、軍からビー
ル工場をアルコール工場に転換するよう命令を受け、……【中略】……
交渉の末、ビール生産は現状のまま据置き、施設の半分くらいをア
ルコール設備に直すことで折合」うこととなる[4]（図Ⅱ－1 参照）。

　その直後、日本の敗戦により、朝鮮は解放された。

　解放直後、朝鮮人従業員は、当時、工場の機関部で働いていた韓東淳
[5]を委員長に選出したうえで、正式に「自治委員会」を組織し、同社の
工場を接収した[6]。だが、1945 年 9 月に南部地域（＝韓国）に進駐して

---

　229 頁、前掲「朝鮮における日本人企業概要調書 No.8　水産業、食料品」、8─
　（19）頁。
3）前掲『OB 二十年史』、86 頁。ちなみに、「内地」では、大蔵省が、「1944 年 9
　月よりビ ール配給を中止すとの内示を行った」ため、ビール醸造が中止されて
　しまった（前掲『キリンビ─ルの歴史』、53 頁）。
4）前掲『麒麟麦酒株式会社五十年史』、124 頁。
5）詳細は不明である。
6）前掲『麒麟麦酒株式会社五十年史』、132 頁、前掲『OB 二十年史』、74 頁、前

表Ⅱ-2　東洋麦酒㈱の初代理事名簿（1948年7月16日）

代表取締役	朴斗秉	旧昭和麒麟麦酒㈱の「特約店主」
取締役	尹顯ファン	不明
取締役	李相満	不明
取締役	鄭壽昌	京城高等商業学校卒業（1941年現在）, 満州工業銀行勤務
取締役	張壽吉	朝鮮総督府財務局管理課事務官（1943年現在）
取締役	李忠栄	光州地方法院判事（1939年現在）
取締役	孫琪遠	京城高等商業学校卒業
取締役	石瞬均	不明
取締役	尹星老	京城税務監督局職員（1939年現在）
監査役	金裕澤	九州帝国大学卒業、朝鮮銀行海州支店支配人代理（1945年現在）
監査役	金容珆	京城高等商業学校卒業、朝興銀行支店長（1945年現在）

出典）東洋麦酒㈱『OB二十年史』(韓国語)、東洋麦酒㈱、1972年、77頁；国史編纂委員会「韓国史人物データベース」；国家知識portal。

Ⅱ　解放後のビール産業　61

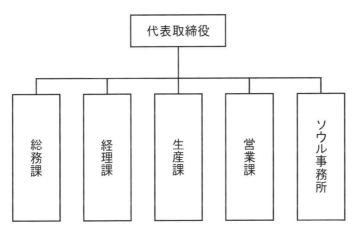

図Ⅱ-2　組織図（1948年7月16日）

出典）斗山グループ企画室『斗山グループ史』（韓国語）、斗山グループ、1987年

きた米軍によって軍政庁が樹立されると、同社は、その軍政庁に接収されることとなった。

　これと同時に、軍政庁の承認のもとで、かつて同社の「特約店主」であった朴斗秉[7]が、1945年10月6日、同社の日本人経営陣の撤収が同庁によって命じられる中[8]、正式に管理支配人に就任することとなった[9]。そのうえ、同社の技術部門は、麒麟麦酒醸造研究所に勤務した技

　掲「会社現状概要報告書[朝鮮麦酒株式会社]」、斗山グループ企画室『斗山グループ史』（韓国語）、斗山グループ、1987年、171頁、ミン・ウンヘ（민은혜）「国力．斗山グループ：創業と守城一世紀」、『統一韓国』4（3）（韓国語）、平和問題研究所、1986年3月、74頁。
7) 朴承稷商店は、1942年から、昭和麒麟ビールの代理店を経営しながら、命脈を維持していた（前掲『斗山の物語』98頁）。
8) 前掲『ＯＢ二十年史』、74頁。
9) 前掲『斗山グループ史』、171頁、『アジア経済』（韓国語）、2012年3月、196

術者を中心に組織され、営業部門は麒麟麦酒株式会社の京城支店の勤務者を中心に組織されることとなった[10]。

このように、韓国人（＝朝鮮人）を中心とする組織の再編成が行われたが、「経営主体であった日本人が引揚ると、人的または技術力が不足し、資金と材料が十分ではなかったため、苦労」[11] しながらも、解放後に残っていた約3万6,000 H$\frac{リットル}{ル}$のビールをもとに、「そのまま保存」されていた生産設備を利用して、早くも1945年11月からビールの生産を可能にした[12]。そして、このビールは、「きちんとした流通経路」、すなわち、かつての同社の代理店をもとにした「特約店」[13]を通じて（**表Ⅱ―1参照**）、「自社製品のみを取り扱」う形で出荷され始めた[14]。

　　頁。朝鮮麦酒はのち関徳基に払下げられた（前掲『ＯＢ二十年史』、96頁）。

10）前掲『斗山グループ史』、171頁。「自治委員会には資金がなかった。……しかも、技術職と事務職がほとんどであったため、誰一人経営する自信がなかった」（前掲『斗山の物語』、99頁）。

11）前掲『斗山の物語』、98頁。

12）前掲「国力．斗山グループ：創業と守城一世紀」、74頁、「第一四回東洋麦酒株式会社」、『食品科学と産業』8（2）（韓国語）、韓国食品科学会、1975年6月、13頁。

13）前掲『OB二十年史』、92頁、「東洋麦酒」、『韓国マーケティング』（韓国語）、1968年10月、44頁。空き瓶の不足現象はビール市場の「競争強盗」を緩和させる要因で作用し、両社は内実を押し堅めるのに力を注いだ結果、解放後にビール流通経路において変化が起きた。解放前、ビールは主に喫茶店や遊興業店で販売されていたが、それが解放後は、朴斗秉の創案・導入した代理店制度によって、工場で生産されたビールは全部が代理店へ納品されるようになった。代理店は、納品されたビールをまた、各流通ルーツにおける中間流通経路（問屋、中間問屋、小売商）を介して遊興業関連店舗へ販売した（韓国経営史学会『韓国経営史学会研究総書3』0―0（韓国語）、韓国経営史学会、2002年、143頁、前掲「OBビール80年経営史および革新力量分析」、117頁）。

14）前掲『斗山グループ史』、174頁。そのようにして出荷されたビールは、当時、「市場競争は起きることもなく」、「出荷と同時に売切れ」たという（前掲『OB二十年史』、91～93頁）。

Ⅱ　解放後のビール産業　63

そんな中、同社はさまざまな問題に直面することとなるが、まず、解放後の南北分断により、北部地域で栽培されていたホップが入手できなくなっていた。そのため、「麦芽は一般麦を購買、加工したり、または輸入したりして使用し、ホップは全量輸入に依存」せざるを得なくなった[15]。

また、当時のビール生産を制約したものは、空き瓶の不足であった。なぜならば、解放前にビール瓶を供給していた第二日本硝子株式会社が解放後は稼働せず、さらに、「大東亜共栄圏」の崩壊により、日本からもビール瓶を調達できなくなったからである。そのため、同社は、解放直後から、「代理店から持ってくるビンとビールを交換する」「空瓶権制戦略」を採択したり[16]、「米軍軍納用の一般ビールの古瓶を集め、……[中略]……花壇用の空き瓶まで回収」したりすることまでしながら、空き瓶の確保に注力していく。にもかかわらず、空き瓶の不足は十分に解決できなかったという[17]。

その後、政府による企業家公募の結果、同社の代表取締役として朴斗秉が選出されたが[18]、そののち、彼は、1948年、麒麟麦酒株式会社を東洋麦酒株式会社に改名[19]、同年2月には、東洋ビール株式会社（OB、Oriental Brewery）と商号を変更し、理事陣（＝経営陣）を構成すると同時に（表Ⅱ-2参照）、組織を五課・一事務所から四課・一事務所へと改編した[20]（図Ⅱ-2参照）。

---

15) 前掲『斗山グループ史』、173頁。
16) 前掲『斗山の物語』、102頁。
17) 同上、173頁、前掲『OB二十年史』、93頁。「桶の不足によって生ビールの生産もできなくな」った（前掲『OB二十年史』、86頁）。
18) 前掲『斗山グループ史』、175頁。
19) 前掲「国力. 斗山グループ：創業と守城一世紀」、74頁。
20) 前掲『斗山グループ史』、175頁。

そうした中、同社は再びいくつかのトラブルに巻き込まれることとなる[21]。例えば、同社は、韓国政府樹立直後に発生した北朝鮮の送電中断措置（いわゆる「断電」）により、「発酵工程が稼働できなかったため、ビールの質が低下」する試練を経験することとなった[22]。

さらに、当時、食糧不足問題により、麦の取引が統制されるようになったことで、原料調達ができなくなった結果、1948年の両社の年間総産量は、1万1600箱に落ちてしまう[23]。

要するに、解放後、同社は、韓国人（＝朝鮮人）を中心とする組織再編を経験するとともに、「大東亜共栄圏」の崩壊と「南北分断による地域的な経済循環の断絶」[24] による、ホップ、空き瓶、および生産電力の確保困難という問題に直面することとなったのである。

2　朝鮮戦争の勃発および復旧作業：何も残らず

1950年6月25日、朝鮮戦争が勃発し、東洋ビールは、1950年7月3日、北朝鮮軍に占領された。その後、74日間にわたり、左翼系従業員7〜8名によって、避難できなかった従業員50余名が強制動員させられ、タンクに残っていたビールが製品化され、北朝鮮軍に提供され

---

21) 当時、同社は、もう一つの問題を抱えていた。同社の従業員は、解放後の急速な物価上昇により生活苦に陥っていたのである。だが、米軍庁の「従業員の給料凍結措置」によって、同社は給料を引き上げることができなくなっていた。そのため、同社は、ボーナスの形式で、従業員の2.5か月の給料に等しいビール5箱を従業員に「配給」せざるを得なかった（前掲『斗山の物語』、102〜103頁）。
22) 前掲『斗山グループ史』、173〜174頁。
23) 前掲『韓国の産業』、229頁、前掲『朝鮮経済年報』、Ⅰ—46頁。
24) 河合和男・尹明憲『植民地期の朝鮮工業』未来社、1991年、186〜197頁。
25) 前掲『斗山グループ史』、177頁。

Ⅱ　解放後のビール産業　65

図Ⅱ-3　ソウル修復後の東洋ビール従業員民兵隊

出典）東洋ビール株式会社『OB 二十年史』(韓国語)、東洋ビール株式会社、1972 年。以下『OB 二十年史』と略。

表Ⅱ-3 東洋麦酒㈱の経営陣

(1948年7月16日)		(1952年6月10日)		(1954年9月10日)	
代表取締役	朴斗秉	代表取締役	朴斗秉	代表取締役	朴斗秉
取締役	尹顯斜	常務取締役	尹顯斜	専務取締役	朴玗秉
取締役	李相満	常務取締役	朴玗秉	常務取締役	鄭壽昌
取締役	鄭壽昌	取締役	崔寅哲	常務取締役	尹顯斜
取締役	張壽吉	取締役	孫琪遠	常務取締役	崔寅哲
取締役	李忠栄	取締役	金容珺	取締役	明柱顯
取締役	孫琪遠	取締役	石瞬均	取締役	孫琪遠
取締役	石瞬均	取締役	朴善琪	取締役	金容珺
取締役	尹星老	取締役	朴泌熙	取締役	石瞬均
監査役	金裕澤	監査役	方龍雲	取締役	朴泌熙
監査役	金容珺	監査役	閔晶植	取締役	朴善琪
				取締役	方龍雲
				監査役	閔晶植

出典）東洋ビール株式会社『OB二十年史』(韓国語)、東洋ビール株式会社、1972年。

図II-4 工場破壊部分の現況

出典)『OB 二十年史』。

図Ⅱ-5　復旧工事

Ⅱ 解放後のビール産業 69

出典)『OB 二十年史』。

70

た[25]。

　ところが、国連軍の反撃による北朝鮮軍のソウルからの撤収後は、従業員が工場管理のために、自治委員会を組織し、破壊された施設の一部を復旧した（**図Ⅱ-3参照**）。しかし、中国軍の参戦がもたらした１・４後退以降は、工場は再び「実質、放置状態」となってしまう。

　一方、釜山へ避難した経営陣（**表Ⅱ-3参照**）は、そこで、1950年始めに、斗山商会を通じ、香港へ輸出した缶詰の代金をもって[26]、合成ビールを「一時製造」しようと、1951年２月に来日し、麒麟ビール㈱との協議に臨む。だが、「麒麟ビールは、戦時下の韓国企業への投資には乗る気が全くな」かったこともあり[27]、同計画は結局破綻する。その後、経営陣は、外資管理庁から14台のトラックを「借り」（＝払下げ）、斗山商会という運送事業を始める[28]。

　その後、国連軍がソウルを再奪還、経営陣はやっとソウルへ戻ってくるが、彼らが目にしたのは、「かつての工場の姿はどこにもなく、骸骨のような建物および破壊された破片のみが残されていた」[29]という（**図Ⅱ-4参照**）廃墟であった。しかも、動乱中、「多数の従業員が離散、……【中略】……電源スィッチまでが亡失、……【中略】……現場における各種の材料はほとんど流失・廃品化、……【中略】……工場（約520坪）がほぼ全焼、……【中略】……同社の被害は、建物の40％および施設

---

26)　前掲『斗山の物語』、111頁。

27)　同上、111頁。

28)「韓国財閥の初期形成過程：斗山グループの一代朴承稷商店、1925～1945年」、197頁、大韓商工会議所『大韓民国銀行、会社、組合、団体名簿』（韓国語）、1950年、72、215頁；ファン・ミョンス（황명수）『韓国企業経営の歴史的性格』（韓国語）、シンヤン社、1993年、367頁。

29)　東洋ビール株式会社「帰属財産売買契約に関する申告書」（韓国語）、1961年6月28日。

物の 50% の破壊にも及んでいた」[30] という。

　ちょうどその時期、韓国政府は「管理企業」であった同社の払下げを開始するが、それに対し、経営陣は「さすがに同工場の入札参加には躊躇せざるを得なかった」という。というのも、その被害が「あまりにも莫大だった」からである[31]。

　しかし、朴斗秉社長は「わが国にもビール産業は必要だという一心で」入札への参加を決め、そこで、経営陣（4 人）が入札に単独に参加し、1952 年 5 月 22 日に商工部管財庁と売買契約を結んだが、その契約とは、「その払下げ金額は総 3 億 4,136 万 6,360 ウォン、代金納付については、まずは 3,633 万 6,360 ウォンを納付、残金は、今後 9 年間にわたり分割償還」というものであった[32]。ただ、契約金は、現金支払いではなく、地価証券を使うこととなっていた（1954 年 8 月、代金支払い完了）[33]。

　その直後、同社は、工場の復旧工事へ「必死に」取り組む（**図Ⅱ - 5 参照**）。

　同社は、財務部の推薦を受け、主要取引銀行を商業銀行に変更、同行から 20 億ウォンを年 8.03% の低利で融資を受け、「同社所有の車両 3 台まで売却し」ながら、復旧工事資金を確保する[34]。そのうえ、戦時中、第 3 仁川工場へ避難させておいた主要機械装置をソウル工場に移し、す

---

30) 前掲『ＯＢ二十年史』、87 〜 88 頁、前掲『斗山グループ史』、177 頁。

31) 前掲『斗山グループ史』、178 頁。「東洋ビールの被害は、朝鮮ビールよりも深刻であった」（前掲『斗山の物語』、119 頁）。

32) 前掲『斗山グループ史』、178 頁、前掲『OB 二十年史』、96 頁。一方、ライバル社に当る朝鮮麦酒株式会社は、閔徳基に払下げされた。

33) 前掲『OB 二十年史』87、95 頁、前掲『斗山グループ史』、178 頁、「斗山グループの形成過程、1952 〜 1996 年」、138 頁、前掲「帰属財産売買契約に関する申告書」。

34) 前掲『斗山グループ史』、180 頁。

ぐさま復旧工事に着手（1952 年 11 月）、「鉄工所から部品を作ってもらいながら」[35]、1953 年 1 月、それら装置の設置を完了[36]、その後、9 か月も経たないうちに、ビール生産の再開を可能にする（**図Ⅱ - 6 参照**）。その後も、「復旧工事組織」、「ビール生産組織」の「復旧隊」によって、同社の復旧作業はさらに進められる[37]。

　一方、朝鮮ビールは、戦争中の 1952 年 6 月 17 日、明成皇后の姻戚にあたる閔徳基に払下げされた後、復旧し、朝鮮ビール株式会社の商号、「金冠ビール」から「クラウン・ビール」の商標でその後、営業を再開した[38]。

3　受難の時代：イチからはじめる

　だが、いざ営業を始めようとすると、問題は山積していた。

　まず、朝鮮戦争後、韓国のビールマーケットは、外国ビールや合成ビールによって完全に「占領」されていた。たとえば、CAN ビール、アサヒビールなどの外国ビールをはじめ、ソウルには「平和ビール」、釜山には「ダイヤビール」、馬山には「ラクダビール」のように、合成ビールが溢れていた。言い換えれば、東洋ビールと朝鮮ビールは、再びイチから「販路開拓」を進めていくしかない状況であったのである[39]。しかも、当時は、休戦直前の、政府による「100 対 1 の通貨改革（1953

---

35) 前掲『斗山の物語』、115 頁。

36) 同上、180 〜 181 頁。

37) 前掲『斗山グループ史』、181 頁、「東洋麦酒」、『韓国マーケティング』（韓国語）、1968 年 10 月、45 頁、『東亜日報』（韓国語）、1953 年 11 月 12 日。

38) 『BreakNews』（韓国語）、2016 年 7 月 20 日。

39) 前掲『斗山グループ史』、183 頁、前掲『ＯＢ二十年史』、127 頁、『東亜日報』（韓国語）、1953 年 11 月 12 日。

図II-6 東洋ビールの「初生産」（1953年）

出典『OB 二十年史』。

年2月）の余波」および1953年の緊縮政策によって、購買力は極限にまで落ちていた。いわば、「最悪の状況だった」のである[40]。

4　終戦後：立ち直り！

表Ⅱ-4　代理店（1956年現在）

ソウル	11か所
釜山	3か所
大邱	2か所
木浦	2か所
仁川	2か所
全州	2か所
水原	1か所
大田	1か所
清州	1か所
馬山	1か所
群山	1か所
順天	1か所
光州	1か所
原州	1か所
春川	1か所
江陵	1か所

出典）『OB二十年史』。

　そんな厳しい状況の中、東洋ビールは「組織の体系化」を行う[41]。まずは「身だしなみ」を整えようとする心算であったのだろう。

　同社は、1953年9月に営業課を新設、そのうえ、全国各地に13か所の代理店といった販売網を構築した（表Ⅱ-4参照）。また、1955年1月には、デザイン改善のため宣伝課を新設した。そして、同年9月には、営業課を大幅拡張、すなわち、営業第1課・営業第2課・営業第3課を設け、営業第1課は実質的な販売業務を、営業第2課は市場調査・販売の諸問題点の改善や営業・分析を、営業第3課は、売上額の回収と代理店管理業務をという細分化を行った。さらに、調査課が新設され、同課によって、各種資料の収集整理、予算制度の実施計画、長期

40）前掲『OB二十年史』、132、143頁。
41）前掲『斗山グループ史』、183、184、192頁、前掲『OB二十年史』、101、
　　105、132、133、148頁。

Ⅱ　解放後のビール産業　75

図Ⅱ-7　「OB麦酒　商標が変更されました！」

出典）『OB 二十年史』。

投資計画の樹立・遂行がなされることとなる。加えて、同社は、社名を「OB ビール株式会社」（以下、OB ビール）へと一新した[42]（図Ⅱ-7 参照）。

1954 年 11 月、ついに米軍から「全工場」が返還された[43]。すると、これを機に、同社は、「生産ラインの取替え」に着手する[44]。

当時、同社の設備はすでに老朽化が相当進んでいたため、故障は日常茶飯事であった。それに、同社は、「部品を自社生産」し、「低温殺菌器が故障すると、手作業で殺菌処理を行」い、または、「日本麒麟麦酒株

42）前掲『韓国経営史学会研究総書 3』、147 頁。
43）前掲『斗山グループ史』、１８５頁、前掲『OB 二十年史』、116、120 頁、『京郷新聞』（韓国語）、1954 年 11 月 21 日、前掲「東洋麦酒」、45 頁。同社の工場は、戦時中は米軍の兵営として使われていた
44）前掲「東洋麦酒」、45 頁、前掲「OB ビール 80 年経営史および革新力量分析」、118 頁。

式会社から部品を調達してもらったりしながら」対処していた[45]。だが、それももう限界に達していた。

そのため、同社は、「旧施設の交替のための主要政策」のもと、3億ファン（= 20万ドル）の「偏重融資（=融資措置）を強行」、それをもとに、米MEYER社から、洗瓶機（Washer）、注酒機（Filler）、打栓機（Crowner）、低温処理機（Pasteurizer）、貼札機（Labeler）を購入、さらに、米CEMCOと西ドイツコスモス・エックスポートからはそれぞれ、注酒機（Filler）、打栓機（Crowner）と中古機械を導入し、設備の取替えを行う（1955年3月14日）[46]。

なお、「天井もない工場の屋上で、テントを張り、作業スペースを確

図II-8　屋外での製品作業（1953年）

出典）『OB 二十年史』。

---

45)『東亜日報』（韓国語）、1953年11月12日。

Ⅱ　解放後のビール産業　77

保しながら、雨季にもそのまま作業し」ながらも[47]（図Ⅱ‐8参照）、
1955年9月よりは機械設備の補修や整備も施された。たとえば、工務
1課が、当時不足していた電力を補うため、300kwh発電能力の「設備」
を導入したり、電気・機関・機械保存・人造氷製造・原動機関係業務を
行い、また、工務2課は、工作・機械製作と修理・工作技術および指導
に関する業務を「管掌」したりした[48]。

　さらに、①朝鮮戦争によって完全消失した作業場が完全修理、破壊さ
れた工場の部分も完全修理、②大破した3台の製品機のうち、2台が完
全修理・改造、1台を新たに導入し、3台が稼働、③破壊された変電施
設は修理、盗まれた大・小の馬力電動機が新たに設置され、破壊された
冷凍施設を復旧・増設、④破壊された醸造施設を復旧・改良、ビール貯
蔵タンク42個を増設、ビール生産能力を増強、⑤アメリカから最新自
動製品設備を購入、従来の手動式製品ラインに自動式製品ラインを新た
に追加、といった補修・整備作業が推進された[49]（図Ⅱ‐9参照）。

5　ビール原料の「自社生産」：原料を国産化せよ！

　同時に、**OBビール**は、1957年、「ビール原料の国産化」を基本経営
方針として採択すると、原料の「自社生産」にも力を注ぐ。
　当時、空き瓶の確保はきわめて困難であったため、「空き瓶を古物屋

46）前掲『斗山グループ史』、185頁、前掲『OB二十年史』、120頁、前掲『斗山の物語』、
　146頁。
47）前掲『斗山グループ史』、181頁、前掲『OB二十年史』、114、118頁、前掲「東
　洋麦酒」、45頁。
48）前掲『OB二十年史』、185頁。
49）前掲「帰属財産売買契約に関する申告書」、前掲『斗山の物語』、130頁、前掲
　「OBビール80年経営史および革新力量分析」、118頁。

図Ⅱ-9-a　製品作業光景

出典）『OB 二十年史』。

II 解放後のビール産業 79

図 II-9-b　新築中の建物

出典）『OB 二十年史』。

図 II-9-c 仕込施設

出典)『OB 二十年史』。

Ⅱ　解放後のビール産業　81

から買入、……【中略】……地方から空き瓶を調達しようと、特別列車を手配する」ことまでしていた同社は、1958年、海南硝子（ガラス）工業株式会社と大韓ガラス株式会社（以下、大韓ガラス）に「自ら投資」し、ビンの調達・確保に成功、そのうち、大韓ガラスから、1958年には6万7,276本、1959年には250万本、1960年には323万6,400本と、ビンの「段階的な自給を見事に成し遂げた」[50]。

6　醸造技術向上：お雇い外国人を招へいせよ！

OBビールは、「打倒外国産ビール」のスローガンのもと、生産と販売を分離し、それぞれの効率を増大しようと、生産製品を、総販機構を介し需要者に販売する「総販制」を設けたり、朝鮮ビールとともに消費者に国産ビールの愛用を訴えたり、そして、「当局」に外国産ビールが市場で「不法流出」することを禁じることを建議したりしていた[51]。

さらに、「醸造技術向上」も試みられた[52]。

当時、同社は、解放後ほぼ10年間、外国との交流が全くなかったこともあり、日本式醸造技術をそのまま「踏襲」していた。それを「打破」しようと、同社は、外国人技師を雇うことを決め、ドイツの醸造コンサルタントが推薦した、ドイツ人醸造技術者、ルドルフ・スコット（Rudolf Schotte）を「招請」する（図Ⅱ-10参照）。

スコットは、1955年1月に着任すると、原料の選定や配合および各工程の品質管理方法、製品の検査および分析技術などの、「ありとあらゆる醸造技術休を日本式からヨーロッパ式」へと転換、さらには、社内

50）前掲『斗山グループ史』、186、188頁、前掲『OB二十年史』、93、157頁。
51）前掲『韓国経営史学会研究総書3』、147頁。
52）前掲『斗山グループ史』、188〜190頁、前掲『OB二十年史』、121〜124頁。

表Ⅱ-5 海外留学研修者の名簿

姓名	国名	留学先	専攻	留学期間	備考
鮮于溢慶	西ドイツ	Technische Universiy Munchen	醸造工学	1958年8月-1960年2月	工学博士
成宇慶	西ドイツ	Technische Universiy Munchen	醸造工学	1960年1月-1961年9月	工学博士
明南鎮	西ドイツ	Technische University Carolo Wilhelmina	化学	1961年8月-1970年	理学博士
曹士鴻	西ドイツ	Technische Universiy Munchen	醸造工学	1965年1月-1969年4月	
鄭鎮石	米国	New York University	マーケティング	1966年4月-1967年3月	
白雲和	西ドイツ	Technische Universiy Munchen	醸造工学	1966年11月-	
高宗鎮	米国	University of Hartford	会計学	1967年4月-1967年12月	
朴泰鎬	日本	(株)電通	広告学	1967年-	
金峻経	米国	University of Bridgeport	マーケティング	1968年8月-1970年8月	
禹本亨	日本	(株)電通	広告学	1968年8月-1969年9月	
金炳珏	日本	富士通電子計算所	E.D.P.S	1969年5月-1969年9月	
南宮燚	米国	University of Bridgeport	経営経済学	1969年8月-1971年8月	
朴商哲	米国	Siebel Institute	醸造工学	1970年1月-1970年12月	
張文昭	米国	University of Rhode Island	経営計画	1970年8月-1971年6月	

出典)『OB二十年史』。

Ⅱ 解放後のビール産業　83

図Ⅱ-10　ドイツ技師、Rudolf Schott博士来社（1955年）

出典）『OB二十年史』。

における「補修、美化作業」にまで深くかかわった。また、彼は、同社の技術陣養成のため、長期研修制度（＝海外留学研修、**表Ⅱ-5参照**）などの教育システムも手掛けた。のみならず、スコットは、同社の「品種の多様化」（＝製品の多角化）にも尽力、女性向けのアルコール濃度1％のモルトビール（1955年4月）、Pilsen Beer、Bock Beer、の新製品の開発や生ビール生産の再開に大きく貢献するのである。

7　競争の激化：昨日の友が今日の敵へ！

　以上のような企業努力が実を結んだのか、その後、OBビールは、朝鮮ビールとともに、かねて氾濫していた「外来品の駆逐」に成功する[53]。ところが、今度は、両社の「過当競争」が互いの足を引っ張ることとなる。いわば、「昨日の友は今日の敵」となったのである[54]。

　両社の競り合いは、まず、景品付きといった「販売競争」の形であらわれた。たとえば、両社は、コップ、灰皿、カレンダーなどの販促物や看板施設物のビール販売店への「支援」（＝提供）、掛け金の販売、くじや「幸運券」作りなどの「出血競争」から、もめあい始めた[55]。

　さらに、両社は、1955年1月より、「営業組織の拡張の、さらなる拡張」という名目の下、①「それまで代理店から取引保証金としてとっていた30万ファンを返還し、代理店選定条件を緩和する」、②「Rebate支給を通じた価格割引政策を施行する」、③「代理店が正常価格以下で販売

53）前掲『斗山グループ史』、185頁、前掲『OB二十年史』、119頁、「東洋麦酒」
　　『韓国マーケティング』（韓国語）、1968年10月、45頁、『京郷新聞』（韓国語）、
　　1954年11月21日。
54）前掲『OB二十年史』、93、130、131頁。
55）前掲『斗山グループ史』、193～197頁、前掲『OB二十年史』、134、172頁。

した場合、損失金額の 50％を補償する」などの「営業方針」を「急造」
し、「ライバル社の取引先にまで手出しする」ようになる [56]。

　そして、そのような無理を強いた「過多出血」は、1956 年の「史上
最悪の不況」による「操業度わずか 50％」といった厳しい状況が続く
中（**表Ⅱ‐6 参照**）、両社の資金繰りを圧迫、そのため、両社は、「不動産
を担保に銀行から資金をかき集めたりするなど」、資金獲得に奔走。結
局は、「貸し金」にまで手を出し、その金額は、OB ビールの場合は「金
融機関借入額の 2 倍にも達する規模」にまで膨らんでしまう [57]。

　結局、朝鮮ビールが先に競争にたえられず、危機を迎える。すなわち、
債務過大による国税滞納によって、同社はソウル地方税務局の管理下に
置かれ、続く 1960 年には、韓一銀行が管理人となる事態となったので
ある [58]。これを契機に、両社はようやく、「販売協商のテーブルに座り」、
協力関係を模索するようになり、そこで、ビールの生産・販売のカル
テル、すなわち韓国麦酒販売株式会社（以下、韓国麦販、1961 年 2 月「出帆」）
の「結成」に合意する [59]。つまり、両社は手を結ぶこととなったのである。

　そのうえ、両社は、自社の営業組織、販売権、全国販売代理店を韓国
麦販の傘下に置いてから [60]、次のような条項を設ける [61]。

① 「価格指導活動を通じ、流通価格の正常化を見出す」。
② 「ビール販売比率を 58：42 に定めるが、……【中略】……混合

---

56) 前掲『斗山グループ史』、192 頁、前掲『OB 二十年史』、132、171 頁。
57) 前掲『斗山グループ史』、193 ～ 198 頁、前掲『OB 二十年史』、141、150 頁。
58) 前掲『斗山グループ史』、194、197 頁、前掲「国力、斗山グループ　創業と
　　守城 1 世紀」、74 頁、『BreakNews』（韓国語）、2016 年 7 月 20 日。
59) 前掲『斗山グループ史』、198 頁。
60) 同上、201 頁、前掲『OB 二十年史』、177 頁。
61) 前掲『斗山グループ史』、199、200 頁、前掲『OB 二十年史』、177 ～ 179 頁。

表Ⅱ-6 1953〜71年におけるビール総販売量
（単位：4合2打箱）

年	OB生産量(◉)	国内総生産量	◉/総
1953	19,580	N/A	−
1954	127,358	380,173	33.5%
1955	383,039	854,997	44.8%
1956	439,728	906,655	48.5%
1957	353,059	700,513	50.4%
1958	403,274	746,803	54.0%
1959	569,885	917,651	62.1%
1960	619,394	983,165	63.0%
1961	503,258	816,833	61.6%
1962	274,931	410,168	67.0%
1963	495,282	751,646	65.9%
1964	945,625	1,447,569	65.3%
1965	1,618,819	2,523,050	64.2%
1966	1,614,871	2,346,689	68.8%
1967	1,945,141	3,027,841	64.2%
1968	1,856,628	2,887,868	64.3%
1969	2,333,127	3,815,347	61.2%
1970	3,263,454	5,501,186	59.3%

出典)『OB二十年史』；韓国麦販『販売統計資料』
1968〜70年。

Ⅱ　解放後のビール産業　87

表Ⅱ-7　両社間の合意販売比率（単位：%）

年	東洋ビール⇒OBビール	朝鮮ビール
1961	58	42
1962	56	44
1963	53	47
1964	50	50
1965	50	50
1968	58	42

出典）斗山グループ企画室『斗山グループ史』（韓国語）、斗山グループ、1987年。

販売する」（表Ⅱ-7参照）。

③　「地方出張所組織は、独自的に運営する」。

④　「代理店は、販売価格を遵守することに加え、個別広告・宣伝活動の禁止に違反する代理店に対しては規定のとおりに期限付きでビール出荷を中止する」。

⑤　「両社の広告・宣伝については共同して行う」。

こうして、「代理店の陰性的な競争」を含む両社の過当競争はようやく終止符が打たれることとなったのである。

8　需要推移：伸びる！　伸びる！

解放後、韓国でのビール需要は伸びていくが、それを支えていたのは、①内需、②軍納、③輸出であった[62]（表Ⅱ-8参照）。

62）韓国産業銀行調査部偏『韓国の産業』（韓国語）、韓国産業銀行調査部、1962年、

88

　まず、**表Ⅱ-8**から分かるように、全体の90%と「圧倒的に多量を占めていた」内需は、初めは、「麦酒（ビール）は高い外来貴族酒だと敬遠する傾向」にあったこともあり[63]、その需要はなかなか伸びない状況が続いた。

　しかし、1950年代後半に入ると、「ビールの大衆化」が進み、1959年111.2％（1958年＝100）、1960年116.9％、1961年112.6％といった増加傾向を示すようになる[64]。

　だが、1961年に入り、5・16革命後の資金凍結政策により、需要弾力性が大きいビールの販売量が激減したことや、1962年1月から酒税が引き上げられ（**表Ⅱ-9参照**）、民需用ビール需要が減少したことから、その消費量は減少する。だが、1964年より、再び増加に転じ、1962年に比し4倍もの「伸長」を見せ[65]、さらに、1965年からはさらなる激増を示した[66]。

　その後、酒税徴収システムが1968年、従量税から従価税へと転換され、酒税が63％も引上げられたことから、販売量は5.5％減少する[67]。とはいえ、漸次、地方でのビール消費も拡大したことや（**表Ⅱ-8参照**）、さらに、1986年アジア大会、1988年ソウルオリンピックにより景気が活性化したことによって、その「爆発的な成長」はその後も続いていく[68]。

　また、軍納に関しては、1953年6月23日、初めて「軍納による外

　　231頁、同『韓国の産業』（韓国語）、韓国産業銀行調査部、1973年、247頁。
63）韓国産業銀行調査部偏『韓国の産業』（韓国語）、韓国産業銀行調査部、1966年、
　　179頁。
64）前掲『韓国の産業』、1962年、230頁。
65）前掲『韓国の産業』、1973年、349頁。
66）前掲『韓国の産業』、1971年、134頁。
67）前掲『斗山グループ史』、208頁。

表Ⅱ-8 OBビールの軍納・輸出の推移（単位：640ml1本×24箱）

年	OBビール				全体		ソウル・地方間のビール消費率の推移（単位：%）	
	総販売量	軍納	輸出	軍納の比率（%）	輸出（石）	国内需要（石）	ソウル	地方
1960	712,684	31,155	-	4.4	-	-	51.7	48.3
1961	503,259	63,375	-	12.6%	1,551	5,724	58.2	41.8
1962	274,931	100,892	-	36.7%	-	-	51.4	48.6
1963	495,282	125,333	-	25.3%	1,459	23,305	52.3	47.7
1964	945,625	93,670	-	9.9%	-	-	49.2	50.8
1965	1,618,820	100,457	53	6.2%	2,719	40,701	-	-
1966	1,614,871	237,462	13,485	14.7%	8,494	51,851	-	-
1967	1,945,141	128,975	139,553	6.6%	7,482	42,276	52.2	47.8
1968	1,856,628	113,454	213,155	6.1%	5,491	58,172	48.8	51.2
1969	2,333,127	34,057	147,310	1.5%	4,521	88,617	46.5	53.5
1970	3,263,454	45,533	107,966	1.4%	5,086	110,949	39.6	60.4
1971	-	-	-	-	4,693	92,834	-	-
1972	-	-	-	-	1,459	23,305	52.3	47.7

出典）『OB20年史』『斗山グループ史』『斗山グループの韓国経営史学においての位置』『経営史学』第17輯第1号（韓国語）、2002年5月，韓国産業銀行調査部編『韓国の産業』（韓国語）、韓国産業銀行調査部，1962年（もとは、『韓国統計年鑑』、東洋ビール株式会社および朝鮮ビール株式会社の資料）；同『韓国の産業』，韓国産業銀行調査部，1966年；同『韓国の産業』（韓国語）、韓国産業銀行調査部，1971年；同『韓国の産業』（韓国語）、韓国産業銀行調査部，1973年。

資獲得」に成功し、1957年には、駐韓国連軍への軍納が本格化するようになる中、軍納は、「需要促進」のもう一つの要因として作用した[69]。たとえば、1961年半ば、ビール軍納による外資獲得額は、なんと約37万ドルにも達していたのである[70]。その後も、駐越米軍への軍需用が増加したことから、軍納はさらなる増加を示す[71]。しかし、その「価格が低廉であるため、輸出意欲が最も低」かったこと、米軍のベトナム撤収による軍納激減、1971年の駐韓米軍の部分的撤収により、1969年より軍納は急に下火となり、結局、1971年には「整理」させられた[72]。

　そして、輸出をめぐっては、酒税の引上げによって、国内でのビール消費が「委縮」したりすることから（**表Ⅱ-9参照**）、両社は、新市場開拓の必要性を痛感し、輸出にも力を注ぐようになる。

　たとえば、OBビールは、海外市場開拓のために、ニューヨーク、サイゴン、香港と、次々と海外支社を設置しながら[73]、1963年2月、アメリカのミルトン・S・クロンバーム社へ100箱を輸出したのを皮

68）前掲『韓国の産業』、1973年、350頁、『毎日経済』（韓国語）、1989年4月28日。

69）前掲『斗山グループ史』、185頁、前掲『OB二十年史』、119頁、前掲「東洋麦酒」、45頁、『京郷新聞』（韓国語）、1954年11月21日。OBビールの軍納活動が活発的に行われるようになるのは、1959年仲介代理店のGilbert & Heart社を通じてであった。同社は1959年、12万6000ドルの外貨を獲得した。

70）前掲『韓国の産業』、1962年、229頁。

71）同上、231頁、韓漢洙「斗山グループの韓国経営史学においての位置」、『経営史学』第17輯第1号（韓国語）、2002年5月、231頁（もとは、「斗山広報室提供資料」）、李承郁「斗山グループの成長と発展」、『経営史学』第17輯第1号（韓国語）、2002年5月、75頁。

72）前掲『韓国の産業』、1971年、129頁、前掲「斗山グループの韓国経営史学においての位置」、231頁（もとは、「斗山広報室提供資料」）、前掲「斗山グルー

表Ⅱ-9 価格変動推移（単位：640ml1本）

年	月	日	販売価格	酒税	酒税率
1959	1	1	36.00	10.48	41.1
1961	1	－	37.00	11.53	45.3
1961	2	－	40.00	11.53	40.5
1961	3	19	46.00	11.53	33.5
1961	6	－	42.50	11.53	37.2
1962	1	1	65.50	34.61	112.0
1962	2	1	72.50	34.61	91.3
1962	8	18	65.50	27.69	73.2
1962	12	1	74.50	27.69	59.2
1963	1	1	70.00	27.69	65.4
1963	6	18	74.50	27.69	59.2
1964	4	15	79.75	27.69	53.2
1966	1	1	105.50	49.81	89.4

出典）前掲『OB20年史』；前掲『斗山グループ史』。
注）①酒税率＝酒税/生産者価格；②販売価格＝生産者価格＋酒税。

切りに、同年10月よりは、Light beer distributor 社を通じ輸出に成功した。その他、1966年には台湾への4万1,400ドルの輸出を含め、1960年代末には、日本、香港に加えミャンマーなどの東南アジア各国とフィジー、アイルランドにまで輸出先を広げるに及ぶ[74]。しかしながら、その後は、「包装やラベルの劣悪性および海外市場に対する正確

プの成長と発展」、75頁。
73）前掲『斗山の物語』、169頁。
74）前掲「斗山グループの韓国経営史学においての位置」、216頁、前掲「斗山グループの成長と発展」、97頁

な分析と宣伝活動の欠如」から、輸出不振が、当分の間続いた[75]。

　一方、朝鮮ビールも、OB ビールとほぼ同様の動きを見せ、たとえば、日本の宝社と年 300 万ケース清算契約を結び、自社製品「Malt Sour」を日本へ輸出するなどしていた[76]。

9　生産拡張のための増設：より大きくより大きく！

　当初は、施設の稼働率は全般的に低調であった。すなわち、稼働率は、「大体 40％、50％にとどまり、……【中略】……1954 年から 1961 年までの平均稼働率は、51.8％にすぎな」かった。いうまでもないが、「消費の伸び悩み」が、その主な理由であった[77]。

　ところが、既述したように、1950 年代後半に入り、一気に「ビールの大衆化」が進むと、両社は、【増設→生産拡張】の必要に迫られるようになる[78]（表Ⅱ -10 および表Ⅱ -11 参照）。

　まず、OB ビールは、創立 14 周年記念事業として、1966 年 5 月より「2 倍の増設を図り」[79]、また、1970 年と翌 1971 年にも増設を行った。さらに、同社は、1973 年に、自社株を上場し資金を確保すると[80]、すぐさま慶北亀尾（グミ）に第 4 工場を着工、ソウル永登浦（ヨンドンポ）工場と京畿道利川（イチョン）工場の生産ラインを増設、光州工場の増設も進め、既存の年間生産能力 83

75）前掲『韓国の産業』、1966 年、184 頁。

76）「ハイトビール㈱研究所」、『生物産業』13—1（韓国語）、2000 年、54 頁、前掲『韓国経営史学会研究総書 3』、166 頁。

77）前掲『韓国の産業』、1973 年、232 ～ 233 頁。

78）前掲『韓国の産業』、1962 年、231 頁。「需要量は生産量とほぼ一致している。なぜなら、生産工場において、長期貯蔵がなかなか難しく、需要が甚だしい季節性を帯びているためである」。

79）前掲『韓国の産業』、1966 年、186 頁。

Ⅱ　解放後のビール産業　93

表Ⅱ-10　生産量および稼働率

年	東洋ビール 生産量（石）	生産量シェア（%）	稼働実績（%）	朝鮮ビール 生産量（石）	生産量シェア（%）	稼働実績（%）	生産量計（石）	稼働率計（%）
1952	—	—	—	—	—	—	346	—
1953	—	—	—	—	—	—	5,481	—
1954	6,467	20.6	—	25,000	79.4	—	31,467	22.8
1955	33,868	45.8	—	40,000	54.2	—	73,868	53.5
1956	41,250	51.0	—	39,600	49.0	—	80,850	58.5
1957	38,709	53.2	—	34,000	46.8	—	72,709	45.6
1958	39,262	57.1	—	29,466	42.9	—	68,728	49.7
1959	53,171	56.5	—	40,854	43.5	—	94,025	68.1
1960	61,148	62.8	—	36,247	37.2	—	97,395	70.5
1961	37,884	60.4	—	24,825	39.6	—	62,709	45.4
1962		—	—	—	—	—	—	14.8
1963		58.0	—	—	—	—	—	27.2
1964		61.0	—	—	—	—	—	50.0
1965		60.0	76.6	—	—	53.2	—	92.5
1966		58.0	36.2	—	—	33.8	—	—
1967		56.0	43.7	—	—	45.9	—	—
1968		58.0	41.2	—	—	41.0	—	—
1969		56.0	51.3	—	—	54.4	—	—
1970		56.0	72.2	—	—	76.3	—	—
1971		—	61.7	—	—	67.2	—	—
1972		—	51.8	—	—	51.8	—	—

出典）韓国産業銀行調査部『韓国の産業』（韓国語）、韓国産業銀行調査部、1962年（もとは、『韓国統計年鑑』、東洋ビール株式会社の資料および朝鮮ビール株式会社の資料）；同『韓国の産業』（韓国語）、1966年；同『韓国の産業』（韓国語）、韓国産業銀行調査部、1971年；同『韓国の産業』（韓国語）、韓国産業銀行調査部、1973年。

図II-11　OBビール

II 解放後のビール産業 95

出典) 東洋ビール株式会社の資料。

表Ⅱ-11　東洋・朝鮮両社の年間生産能力（単位：1000C/S）

	東洋ビール			朝鮮ビール		
	既存能力	増設能力	計	既存能力	増設能力	計
事業能力	2,300	3,790	6,090	2,300	3,030	5,330
発酵能力	2,000	5,871	7,871	2,800	2,900	5,700
貯蔵能力	2,200	2,960	5,160	2,500	1,900	4,400
製品能力	1,600	4,400	6,000	3,800	1,434	5,234

出典）『韓国の産業』、1973年。

万kㇼㇳㇽを100万kㇼㇳㇽにまで拡大させる[81]（図Ⅱ-11参照）。

　一方、朝鮮ビールも、「同じように（OBビールに対して）応酬していた」。

　当社は、1971年に、施設の一部を改築するとともに韓独ビールを引き受け、同社の工場を馬山工場とすると、翌1972年には、西ドイツとアメリカの「最新施設」を設け[82]、「従前施設の2倍」へと増強した。さらに、1989年には全州工場を、1997年には江原道洪川工場を建設し、年間総123万kㇼㇳㇽ（1億2,300万箱）の生産能力を「確保」した[83]。

　当時、「当局が消費財産業と言って、ビール工場の増設を許可してくれな」[84]い中でも、このように両社が増設に続く増設を行っていたのは、消費急増による生産拡大の必要性によることであった。しかし、両社がそこまで増設を急いでいたことには、もう一つの理由があった。

80）前掲『斗山の物語』、189頁。

81）シン・テチン（신태진）ほか「長寿企業の企業変身のための構造調整とM&A戦略」、『専門経営人研究』第16巻第2号（韓国語）、2013年8月、9頁。

82）前掲『韓国の産業』、1973年、247頁、「クラウン商標の朝鮮ビール」、『防災と保険』23巻0号（韓国語）、1984年、30頁。

83）イム・チェグン（임재근）「ハイトビール㈱全州工場」、『安全技術』144—0（韓国語）、2009年、「クラウンビール馬山工場」、『環境管理人』13—0（韓国語）、1987年、9頁。

Ⅱ　解放後のビール産業　97

　既に述べたように、1968 年、酒税徴収システムは「従量税」から「従価税」へと変わった。だが、その「従価税」とは、「量」ではなく、「原価」を課税の基準とするものであった。そのため、大量に生産をすればするほど、固定費の分散によって出庫価格が低くなった[85]。要は、両社は、増設により生産量を増やすことによって、「規模の経済」を実現しようとしていたのである[86]。

　そうした中、両社の生産実績における「形勢逆転」が起こる。つまり、両社の生産実績においては、1957 年までは、朝鮮ビールが OB ビールを「凌駕」していたが、「朝鮮ビールは巨額の短期借入金の重圧および不合理経営による赤字経営によって、生産競争で苦戦している反面、東洋ビールは販売拡張および不断な経営合理化努力の結果、順調な発展を見せてい」たため、1957 年以後は形勢が逆転、OB ビールがリードする形勢となったのである[87]。

10　さらなる「原料自立」：国産化をより進めよ！

　ビール醸造においては、麦芽（＝ビール麦＝ Molt）、ホップ（Hop）が主な原料である。だが、当初、ビール会社は、それらをもっぱら輸入に依存していた[88]（**表Ⅱ -12 参照**）。

　もう少し詳述すると、OB ビールは、麦芽については、休戦直後は、麒麟ビールを介し、日本から 20 回分の作業が可能な麦芽を輸入するな

84）前掲『韓国の産業』、1966 年、179 頁。
85）『中央日報』（韓国語）、2012 年 12 月 15 日。
86）前掲『韓国の産業』、1962 年、231 頁。
87）同上、230 ～ 231 頁。
88）同上、233 頁。

表 II－12

表 原料輸入の実績

年	麦芽 （ドル）	ホップ （ドル）
1960	341,263	44,590
1961	166,746	41,326
1962	508,009	85,916

ホップ輸入実績

年	数量 （kg）	金額 （千W）
1965	54,259	41,965
1966	42,467	39,540
1967	103,288	92,087
1968	122,190	116,959
1969	133,947	95,143
1970	128,305	125,446

表 麦芽生産および輸入実績

年	国産 （N/T）	輸入 （N/T）
1968	5,144	250
1969	7,239	470
1970	9,638	1,228
1971	6,548	7,368
1972	6,223	2,647

出典）OBビール『韓国のビール麦育種史』（韓国語）、OBビール、1996年；『韓国の産業』、1962年；『韓国の産業』、1971年；『韓国の産業』、1973年。

どして、小量の麦芽を日本から「緊急輸入」していた[89]。さらに、1954 年 8 月、「対日交易中断措置」がなされると、その輸入先を、ドイツ・オーストリア・アメリカ・オーストラリア（Joe White Malting Co. など）・カナダ（Canadian Malting Co.、Dominion Malting Co など）へ変更した[90]。

しかし、その際問題となっていたのが、それらを輸入する際の外資使用であった。すなわち、政府統制によって、外資を「存分に」使うことができなかったのである[91]。

そのため、OB ビールは、国内（＝慶南）にビール麦試験場を設け、ドイツ技術者[92] に生産農家の指導を担当させた結果、国産ビール麦生産に成功すると、それを機に、「初めは済州島、次は、全南、慶南へと栽培地域を広げ」[93]（図 II -12 参照）、充分な麦芽の量を確保していく。

---

89) OB ビール『韓国のビール麦育種史』（韓国語）、OB ビール、1996 年、234~235 頁。朝鮮戦争勃発前までは、国内生産に依存していた。「お金がなかったので」（＝外貨不足）、輸入が不可能であったため、東洋ビール（OB ビールの前身）と朝鮮ビールは、一般大麦を使用していた。
90) 前掲『斗山グループ史』、186 頁、前掲『OB 二十年史』、125 頁、前掲『韓国の産業』、1973 年、359 頁、同上、235 頁。
91) 前掲『斗山グループ史』、186 ～ 187 頁。
92) ドイツ人醸造技術者、ルドルフ・スコットと思われる。

Ⅱ　解放後のビール産業　99

図Ⅱ-12　麦畑

出典）東洋ビール株式会社の資料。

　加えて、同社は、製麦場施設の改善や拡張にもとりかかる。
　これら施設については、初めは、以前日本人が使用していたの製麦場施設を利用していた。だが、同施設は、「セメント床に一定の大きさのビール麦を10ｃｍ程度の厚さで敷き、水分を供給し、人力で混ぜながら発芽させ、……【中略】……製麦が終わると、それを練炭で乾燥させる在来式」といった「極めて初歩的な製麦施設（=Tenne方式）」であったため、その後「最新式のDrum方式」へ転換させたのである[94]。さらに、1961年には、「韓国麦芽工業株式会社」といった3,000トン規模の麦芽工場を竣工（図Ⅱ-13参照）。1962年12月から本格的な生産

93）前掲『韓国のビール麦育種史』、239頁。
94）同上、234頁。

を開始、1965年3月には、1万トン規模へと増設したうえ、ライバル社である朝鮮ビールにも同工場の麦芽の供給を開始すると、さらに、1966年、日本と台湾へ1,750トンを輸出した。以来、「1967年2,700トン、1969年まで総104万ドルの麦芽輸出実績を達成する」までになる[95]。一方、朝鮮ビールも、その後永登浦に東洋最大の麦芽工場を建設するに至る[96]。

かつ、ホップに対しても、当初は、「日本、またはアメリカと西ドイツ」からの輸入にひたすら頼っていた[97]。しかし、OBビールが、1955年試験栽培の形で、ソウル千戸洞(チョンホドン)で種子を繁殖させ、それによってできた2万株の植栽に取り組む。だが、こうした初めての試みは、「残念なことに失敗」に終わった[98]。にもかかわらず、「これに屈せず」、同社はその後、大關嶺にホップ農場を開設、ついにホップ栽培に成功し、1964年には「大關農産株式会社」を発足させる[99]。一方、朝鮮ビールも、また同様の動きを見せ、1962年には大關嶺にクラウンホップ農場を設立するようになる[100]。

なお、OBビールは、全量日本から輸入していた[101]缶の「自給自足」も推進し、1979年11月、米Continental Can社と合作および技術導入契約を締結し、斗山製缶株式会社を「出帆」させた[102]。

---

95) 前掲『韓国のビール麦育種史』、237～238頁、前掲「斗山グループの形成過程、1952~1996年」、140、160頁、前掲「斗山グループの韓国経営史学においての位置」、219、231頁。
96) 前掲「クラウン商標の朝鮮ビール」、30頁。
97) 前掲『斗山グループ史』、186頁、前掲『OB二十年史』、125頁。
98) 前掲『斗山グループ史』、186～187頁。
99) 前掲『韓国経営史学会研究総書3』、150頁。
100) 前掲『韓国の産業』、1971年、134頁。
101) 同上、133頁。
102) 前掲『韓国経営史学会研究総書3』、151、157頁。

Ⅱ 解放後のビール産業 101

図Ⅱ-13 韓国麦芽工業株式会社

出典)『OB 二十年史』。

11 韓独ビール：幻のビール

　当時は、OB ビールと朝鮮ビールがビール市場を「二分」している時期であった。だが 1970 年代に入り、そこに突然、挑戦者が登場する。それが韓独ビール株式会社（以下、韓独ビール）である。**(図Ⅱ-14 参照)**
　韓独ビールは、繊維会社の三起物産が、ドイツビール会社の「イセンベック（Isenbeck）」と合弁し、1973 年 6 月に設立した会社であった。韓独ビールは、年間 410 万箱の生産能力を備え、全生産量を輸出する

という条件のもとで設立が許されたのであった。だが、輸出がなかなかうまくいかず、わずか稼動6か月で生産中断となってしまう。

　政府は、同社に莫大な外貨が費やされたこともあり、同社の倒産を防ぐために、1975年3月、韓独ビールの国内市販を許可する。そこで、同社は、「本場のビール」、「336年の伝統」、「高級ドイツビール」と「標榜」した「イセンベックビール」を発売したのである。販売3か月で、約15％の市場を占有し、品不足まで発生するなどの躍進ぶりを見せた。

　しかし、その後、同社の「新製品への消費者の好奇心も弱まり、朝鮮・東洋ビールの牽制も熾烈となる」につれ、結局のところ1976年、不渡りを出し、1977年12月、同社を朝鮮ビールが引き受けることとなる。

　以上のように、韓独ビールは、1973年設立、1975年国内市販許可、1976年倒産、1977年朝鮮ビール買収という短命の、まさに幻のビールであったのである。

12　協調への長い道：朝鮮ビール裏切る！

　既に述べたように、**朝鮮・東洋両社**は、過当競争を「止揚」しようと、1965年、「韓国ビール販売」を立ち上げ、「両社が通算1年1回、製品の出荷比率とともに、独占価格を評価・結成する」ことで、「販売カルテル」を形成し、「韓国ビール販売」が代理店（**表Ⅱ-13参照**）を通じ製品の供給を「調節」していた[103]。

　しかしながら、その後、大鮮発酵工業に引き継がれるようになった**朝鮮ビール**が、「劣るマーケット・シェアと販売量の減少」に焦り、「無謀

Ⅱ　解放後のビール産業　103

図Ⅱ-14　韓独ビール

出典）『中央日報』（韓国語）、2014 年 4 月 17 日。

表Ⅱ-13　代理店分布状況

	東洋	朝鮮	計
ソウル	17	15	32
釜山	8	12	20
京畿	5	5	10
江原	4	6	10
忠北	3	3	6
忠南	4	4	8
慶北	9	10	19
慶南	4	5	9
全北	3	2	5
全南	5	6	11
済州	2	2	4
計	64	70	134

出典)『韓国の産業』、1973年。

な競争戦略」を展開し始め、両社の争いが再燃した[104]。

　しかも、1967年施行の経済開発5か年計画は、そうした両社の戦い
をより激化させた。政府は、同計画に必要な資金を調達しようと、酒税
の引上げを「選択」、これによって、ビールの価格は一気に上昇し、こ
れがまた販売量の減少につながり、両社の出血競争が一層激化したので
ある。

　だが、その直後（1968年）、朝鮮ビールの朴キョンギュ社長が過労
死した。これをきっかけに、両社は、競争緩和の必要性を認識するよう
になり、既存の「公販システム」（＝カルテル＝「韓国ビール販売」）が「ま
た実効性を持つように契約が調整」される。言い換えるならば、「韓国ビー
ル販売」が再び「正常稼働」するようになったのである。結果、両社は、

103)　前掲『韓国の産業』、1971年、128頁。
104)　前掲「OBビール80年経営史および革新力量分析」、121～122頁。

Ⅱ　解放後のビール産業　105

当時、輸入ビールへの高い関税という政府による輸入障壁によって守られている中で[105]、58:42のシェアを維持、ビール市場を「安定」させ、東洋と朝鮮という「二大山脈」を築くようになるのである（表Ⅱ-7参照）[106]。その後、両社は、1983年11月30日同時に価格を2.86％引き上げるなどの「価格談合」をしながら、**朝鮮ビールの販売が低調である場合は、東洋ビールが自ら東洋代理店で朝鮮ビールを販促するという「仲のいい兄弟」の関係を維持していく[107]。

13　企業努力 – 新製品の開発、技術力向上、人的資源の開発

　両社は、その間、いわゆる「企業努力」を行っていたが、それはたとえば、両社の品質向上および新製品開発研究によって拍車がかかった。

　まず、**東洋ビール⇒OBビール**は、休戦直後、直ちに実験室を設けたり、1960年、工場内に醸造研究所を設けたりしながら、品質改善を図り、1968年、ベルギーで開かれた「国際食品審査委員会」（＝「世界ビールコンテスト」）で金賞を受賞する快挙を成し遂げる[108]。

　その後も、同社は、アメリカで人気を博していたICEビールなどは自社開発しながらも（＝「OBアイス」）[109]、1981年、ハイネケン社と技術および商標導入契約を締結したり、1987年、独Lowenbrau社やAjheuse Busch社と技術提携を結んだりすることで[110]、品質向上にまい進する。

105）『ハンギョレ（한겨레）』（韓国語）、1994年11月29日。1984年までは100％、1988年までは50％、1994年までは30％。
106）前掲「長寿企業の企業変身のための構造調整とM＆A戦略」を参照されたい。
107）『東亜日報』（韓国語）、1984年4月26日。

106

　一方、朝鮮ビールも同じ道を歩んでいた。つまり、同社も外国ビール会社との合作を通じ新製品開発に奮闘し[111]、1989 年、「クラウン・スーパー・ドライ」といった新製品を開発し、「世界酒類品評会」で金賞を受賞している[112]。さらに、1997 年には、研究所（＝「ハイトビール研究所」）を新設（図Ⅱ -15 参照）、そこで最先端設備の運営を通じ、技術の開発・習得と、江原、馬山、全州の自社工場への技術支援、新製品開発工程の開発管理、ビール原料および包蔵材の技術開発、酵母の開発や保存、発酵工程の制御技術、微生物関連業務、特殊成分分析、精密分析開発に総力をあげていた[113]。

　なおかつ、両社は、ビールの魅力を伝えようと（＝「ビールの大衆化」）東奔西走した。たとえば、OB ビールは、1966 年より「生ビール大量販売戦略」を展開し、生ビール・チェーン店の「OB ベア」（図Ⅱ -16 参照）、「OB 広場」、「OB ビール・ホール」を全国に展開した[114]。

　あわせて、両社は、「人材養成」（사람 키우기）、すなわち、人的資源開発にも力を入れていた。特に、OB ビールは、ドイツ・ミュンヘン工大に留学し、1960 年、「専攻の醸造工学部門で韓国最初の工学博士学位を獲得、帰国した鮮于溢を迎え」るなどしながら[115]、人材を確保した。

108）前掲『韓国の産業』、1966 年、180 頁、前掲『斗山の物語』、156 頁、前掲『OB二十年史』、154、282 頁。

109）前掲『斗山の物語』、235 頁。

110）前掲『韓国経営史学会研究総書 3』、166 頁。

111）前掲「OB ビール 80 年経営史および革新力量分析」、124 頁。

112）前掲「クラウンビール馬山工場」、9 頁。

113）「ハイトビール㈱研究所」、『生物産業』13―1（韓国語）、2000 年、54 頁。

114）前掲『韓国の産業』、1966 年、186 頁、前掲「OB ビール 80 年経営史および革新力量分析」、123 頁。

115）前掲『OB 二十年史』、154、282 頁。同社は、「解放後からずっと醸造責任者として、昭和麒麟麦酒の時から当工場で勤務し、醸造関係を担っていた尹顯鼒に

図Ⅱ-15 ハイトビール研究所

出典)「ハイトビール㈱研究所」、『生物産業』13-1(韓国語)、2000年。

図Ⅱ-16 OBベア

表Ⅱ-14 ビール価格と酒税変動（単位：ウォン）

年	原価 (1960年=100)	工場卸販売価格 ①		酒税 ②		②/①
1961	104	42.50	100%	11.53	100%	27.1%
1962	115	72.50	171%	34.61	300%	47.7%
1963	129	74.50	175%	27.69	240%	37.2%
1964	147	79.75	188%	27.75	241%	34.8%
1965	177	−	−	−	−	−
1966	201	105.50	248%	49.81	432%	47.2%
1967	227	125.50	295%	49.81	432%	39.7%
1968	224	162.00	381%	81.00	703%	50.0%

出典）前掲偏『韓国の産業』；前掲『OB20年史』；前掲『斗山グループ史』。

さらに、1961 年からは、筆記試験による公開採用制度を実施し、選抜
した職員に実際の処理過程に対する教育、工場での見習いによる生産過
程に対する理解増進、および施設での訓練などを行っていた[116]。

14　収益・価格・酒税：どのようにして儲けていたのか？

ここでは、ビール会社の儲けの仕組みについて述べよう。

既にふれたように、政府は、経済開発計画の資金を酒税に求めていた
ため、ビールの酒税は、**表Ⅱ-16** のように、引上げられ続け、1968 年
にはなんと生産者価格の 50％にも達していた[117]。

反面、価格（＝工場卸販売価格）は、政府の「物価政策」によって極度

過重な責任を負わせてきていたが、それでは、さらなる飛翔には無理があると感
じていた」という。

116）前掲『OB 二十年史』、145、281 頁。

117）前掲『斗山の物語』、146 頁。

表Ⅱ-15 東洋ビール→OBビールの経営実績（単位：1000ウォン）

年	資産	負債	資本	売上額	当期純利益	売出額利益率
1954	12,800	7,159	5,641	46,856	5,636	21.4
1955	52,362	47,480	4,882	204,659	2,162	1.7
1956	65,353	62,536	2,817	258,700	523	0.3
1957	95,198	87,914	7,284	313,436	5,913	2.7
1958	199,680	140,832	58,848	357,699	8,134	3.2
1959	223,071	157,708	65,363	493,315	3,373	1.0
1960	235,326	151,308	84,178	564,551	23,194	5.9
1961	276,031	171,823	104,208	430,248	40,375	12.7
1962	443,945	222,775	221,170	395,050	5,657	2.3
1963	559,856	270,951	288,905	771,764	70,313	14.3
1964	783,862	277,762	506,100	1,461,583	233,379	24.3
1965	1,305,980	470,524	835,456	2,824,592	335,581	18.0
1966	2,069,395	1,399,027	670,368	3,600,997	41,344	2.0
1967	2,109,599	1,525,117	584,482	463,230	−55,431	−19.5
1968	2,311,978	1,691,822	620,156	4,757,615	100,414	3.6
1969	2,961,518	2,086,657	874,861	6,399,887	349,959	10.2
1970	4,421,580	2,058,953	2,362,627	8,875,873	840,732	18.2
1987	284,356,661	233,862,976	50,493,685	546,945,290	2,021,104	1.6

出典）斗山グループ企画室『斗山グループ史』『韓国統計年鑑』：OBビール株式会社の資料。

注）①1954・1987年年は同年の1月1日～12月31日、ほかは同年の4月1日～翌年の3月31日；
②1954年⇒17期；③朝鮮ビールの経営実績は不明。

表Ⅱ-16　原価構成（1961年分）

構成	1000ウォン	%
材料費	104,136	64.3%
労務費	22,014	13.6%
製造経費	22,118	13.7%
電力費	5,704	3.5%
修繕費	4,163	2.6%
その他	12,251	7.6%
利子および割引料	13,688	8.5%
計	161,956	100.0%

出典）『韓国の産業』、1962年。

表Ⅱ-17　使用量（単位：kg）

年	麦芽使用量 （kg） ①	生産量 （石） ②	①/②	全国物価指数 （1955年 =100）
1953	71,400	5,481	13.0	43
1954	333,330	31,467	10.6	55
1955	703,200	73,868	9.5	100
1956	1,283,800	80,850	15.9	132
1957	1,008,600	72,709	13.9	153
1958	905,229	68,728	13.2	143
1959	1,254,689	94,025	13.3	147
1960	1,543,600	97,395	15.8	163
1961	782,072	62,709	12.5	192
1962	533,808	−	−	−

出典）OBビール『韓国のビール麦育種史』（韓国語）、OBビール、1996年；表Ⅱ-12；『韓国の産業』、1962年；OBビール株式会社の資料；朝鮮ビール株式会社の資料；財務部『韓国銀行調査月報』；『OB二十年史』。

に抑制され、酒税の引上率に追いつかない状況が続いていた[118]（表Ⅱ－
14参照）。

つまり、そのような酒税の急な引き上げや、価格の抑制によって、ビール会社の経営は圧迫されるはずであった。

しかしながら、表Ⅱ–15を見ればわかるように、「ビール製造業の収益性は未だに顕著に高い水準を維持していた」[119]。

なぜなのか。その「カラクリ」に関する理由を先に述べると、それは、両社が「材料をケチっていった」からである。

表Ⅱ–16によれば、製造原価の内訳に関して、「材料費が占めている比重は、64.3％である。次に、高いシェアを示すのは製造経費である。13.7％である。その内訳とは、電力費と燃料費が全体の3.5％を占め、修繕費が2.6％、その他が7.6％をおのおの占めていた。労務費は13.6％で、利子および割引料は8.4％で、製造原価の中で最もそのシェアが低い」というものであった。

つまり、製造原価の中で最も高い比重を占めていたものは、「材料費」だったのである。

そのうえ、ビール会社は、以上の状況の中で利益を生もうと、表Ⅱ–17から確認できるように、麦芽などの使用量を減らす方法によって、充分な利益をあげていたのである。

15　朝鮮ビールの反撃：王者倒れる！

先述したように、朝鮮ビールは、1957年以降、「万年2位」に留まっていた。反面、OBビールは、1990年には市場占有率70％、1991年

118）前掲『韓国の産業』、1962年、236頁。
119）前掲『韓国の産業』、1971年、146頁。

には 1,000 万ドル輸出といった「快進撃」を見せ、一位の座を確固と維持していた[120]。

　だが、朝鮮ビールは、いつも虎視眈眈と挽回の機会を窺っていた。たとえば、同社は、1位の座を奪おうと、1989年、「スーパー・ドライ・ビール戦争」の際も、OBビールにケンカを仕掛けている[121]。

　1989年7月20日、OBビールが、OB・スーパー・ドライを初公開した。それに対抗する形で、同年8月1日、朝鮮ビールは、クラウン・スーパー・ドライを市販し始める。両社は、スーパー・ドライ・ビールが「今後のビール市場において主役となるだろう」と判断し、営業と広報に企業の生死をかけた。特に、朝鮮ビールは、「万年2位」のイメージを払拭しようと、OBビールの2倍にも達する30億ウォンもの広告費や販促費を投入した。その結果、そうした「広告・販促の物量攻勢」が功を奏し、当初は、朝鮮ビールが優位を占めていたが、結局OBビールに白旗を挙げた。OBビールが、スーパー・ドライの販売において、70％という圧倒的なシェアを記録し、国内ビール市場における王者の地位をより強固なものにしたのである。

　にもかかわらず、その後も、朝鮮ビールは「一発逆転の機会」を待ちに待っていた。そして、そのチャンスは2年後に訪れた。

　1991年、OBビールの姉妹会社の斗山電子によって、二度（3月14日と4月2日）にわたり、有毒なフェノールが洛東江へ「そのまま流出」された事件、いわゆる「洛東江フェノール汚染事件」[122]が起きるのだ

120）前掲『韓国経営史学会研究総書3』、166頁
121）前掲「OBビール80年経営史および革新力量分析」、124頁。
122）シム・ハンテク（심한택）ほか「環境汚染誘発事件が企業価値に与える影響」、『産業経済研究』17巻1号（韓国語）、2004年、チョン・キョンウン（전경운）「環境汚染被害規制のための民事法制の改善法案および対案模索」、『環境法研究』

Ⅱ　解放後のビール産業　113

表Ⅱ-18　斗山のCash Flow

年	Cash Flow	負債比率
1995	-9,080	625
1996	-5,900	688
1997	130	590
1998	3,500	332
1999	5,620	159
2000	3,000	151

出典）韓漢洙「斗山グループの韓国経営史学においての位置」、『経営史学』第17輯第1号（韓国語）、2002年5月。

図Ⅱ-17　洛東江フェノール汚染事件（「連行される斗山電子工場長」）

出典）『中央日報』（韓国語）、1991年3月21日。

図Ⅱ-18-a　ハイト・ビール

「地下 150m の 100% 岩盤天然水で作った純粋なビール　ハイト」

II 解放後のビール産業 115

図II-18-b　ハイト・ビール工場

出典）『Forbes』2016-1（電子版、韓国語）、2015年12月号。

が（図Ⅱ -16 参照）、斗山電子が OB ビールのグループ社であることから、OB ビールの不売運動にまで発展してしまう。

　これを機に、朝鮮ビールは、同年、「水」で勝負に出る。「地下 150 mの 100％岩盤天然水で作った製品」という点を強くアピールした新製品、ハイト・ビール（図Ⅱ -18 参照）を市場に出すが [123]、これが旋風を巻き起こす [124]。結果、同社は、1996 年、ついに念願の業界 1 位を「再奪還」するのに成功した。これをきっかけに、社名を「朝鮮ビール」から「**ハイト・ビール株式会社**」（以下、ハイト・ビール）に「改名」する [125]。

　それに対し、OB ビールは、その後、フェノール事故の教訓を生かす形で [126]、「環境管理」に力を注ぐものの [127]、時既に遅く、1993 年、3,990 億ウォンの赤字を記録、その後、図表のように、朝鮮ビールへ 1 位の座を譲ったのである（**表Ⅱ -18 参照**）。

おわりに

　解放後は、昭和麒麟麦酒の朝鮮人従業員は、直ちに当時工場の機関部で働いていた韓東淳を委員長に選出し、正式に「自治委員会」を組織し、

---

　　36 巻 1 号（韓国語）、2014 年を参考にされたい。

123）前掲「長寿企業の企業変身のための構造調整と M&A 戦略」、10 頁、『毎日経済』、1995 年 12 月 9 日。

124）これをきっかけにして、朝鮮ビールの株価はうなぎのぼり（3 倍以上）に上がった。

125）前掲「ハイト・ビール㈱全州工場」、『安全技術』144―0（韓国語）、2009 年。

126）前掲「斗山グループの成長と発展」、75 〜 76 頁。

127）前掲『韓国経営史学会研究総書 3』、170 頁、斗山『斗山』1995 年 1 月号（韓国語）、斗山、8 〜 9 頁。OB ビールは、1994 年、「環境管理模範業体」に選定された。

同社の工場を接収する。だが、1945年9月に南部地域（＝韓国）に進駐した米軍によって軍政庁が樹立されると、同社は、その軍政庁に接収されることとなる。これと同時に、軍政庁の承認のもとで、かつて同社の「特約店主」であった朴斗秉が、正式に管理支配人に就任した。

　このように、韓国人（＝朝鮮人）を中心とする組織の再編成が行われたが、そうした中、同社は、「経営主体であった日本人が引揚すると、人的または技術力が不足し、資金と材料が十分ではなかったため、苦労」しながらも、解放後に残っていた約3万6,000Hℓのビールをもとに、かつての生産設備を利用して、1945年11月にはビールの生産を可能にする。そして、このビールは、かつての同社の「特約店」を通じて出荷を再開する。

　そんな中、同社は「大東亜共栄圏」の崩壊と「南北分断による地域的な経済循環の断絶」による、ホップ、空き瓶、および生産電力の確保困難という問題に直面するようになる。

　その後、政府による企業家公募の結果、同社の代表取締役として朴斗秉が選出される。そののち、彼は、1948年、麒麟麦酒株式会社を東洋麦酒株式会社に改名、同年2月には、東洋ビール株式会社（OB、Oriental Brewery）と商号を変更し、経営陣を構成すると同時に、組織を五課・一事務所から四課・一事務所へと改編する。

　しかしながら、1950年6月25日に朝鮮戦争が勃発すると、東洋ビールは、北朝鮮軍に占領され、避難できなかった従業員50余名が強制動員の後、タンクに残っていたビールが製品化され、北朝鮮軍に提供される。

　ところが、国連軍の反撃による北朝鮮軍のソウルからの撤収後は、従業員が工場管理のために、自治委員会を組織し、破壊された施設の一部

を復旧する。しかし、中国軍の参戦がもたらした1・4後退以降は、工場は再び実質、放置状態となってしまう。

その後、「やっと」ソウルへ戻ってきた経営陣は、「わが国にもビール産業は必要だという一心で」同社の払下げ入札へ参加し、商工部管財庁と売買契約を結ぶ。

その直後、同社は、「同社所有の車両3台まで売却し」、復旧工事資金を確保しながら、また、「鉄工所から部品を作ってもらいながら」、工場の復旧工事へ必死に取り組む。一方、朝鮮ビールは、戦争中の1952年6月17日、明成皇后の姻戚にあたる閔徳基に払下げされた後、復旧し、朝鮮ビール株式会社の商号、「金冠ビール」次は「クラウン・ビール」（図Ⅱ-19参照）の商標でその後、営業を再開へ漕ぎつける。

だが、同社がいざ営業を開始しようとすると、朝鮮戦争後、韓国のビールマーケットは、外国ビールや合成ビールによって完全に占領されていた等、山積する問題に直面する。そんな厳しい状況の中、同社は、「組織の体系化」を行い、社名を「OBビール株式会社」へと一新する。

その後、ついに米軍から「全工場」が返還されると、これを機に、同社は、米MEYER社、米CEMCO、西ドイツコスモス・エックスポートから輸入した設備をもって、老朽化が相当進んでいた「生産ラインの取替え」に着手する。同時に、同社は、「ビール原料の国産化」を基本経営方針として採択すると、空き瓶の自社生産にも力を注ぎ、1958年、海南硝子と大韓ガラス株式会社に「自ら投資」し、ビンの調達・確保に成功する。

加えて、同社は、醸造技術向上をも試み、ドイツ人醸造技術者、ルドルフ・スコット（Rudolf Schotte）を招請する。彼は、1955年1月に着任

すると、原料の選定や配合および各工程の品質管理方法、製品の検査および分析技術などの、さまざまな醸造技術体制を「日本式からヨーロッパ式」へと転換、さらには、社内における「補修、美化作業」にまで深くかかわり、また、同社の技術陣養成のため、長期研修制度（＝海外留学研修）などの教育システムも手掛けるのみならず、スコットは、同社の「品種の多様化」（＝製品の多角化）にも尽力、女性向けのアルコール濃度1%のモルトビール（1955年4月）、Pilsen Beer、Bock Beer、の新製品の開発や生ビール生産の再開に大きく貢献する。

　以上のような企業努力が実を結んだのか、その後、OB ビールは、朝鮮ビールとともに、かねてより氾濫していた「外来品の駆逐」に成功する。ところが、今度は、両社の「過当競争」が互いの足を引っ張ることとなる。両社の競り合いは、まず、景品付きといった「販売競争」の形であらわれ、その後、「ライバル社の取引先にまで手出しする」ようになる。そして、そのような無理を強いた「過多出血」は、1956年の「史上最悪の不況」による「操業度わずか50%」といった厳しい状況が続く中、両社の資金繰りを圧迫、結局、両社は協力関係を模索し、ビールの生産・販売のカルテル、韓国麦酒販売株式会社の結成に合意する。こうして、両社の過当競争はようやく終止符が打たれるのである。

　そんな中でも、韓国でのビール需要は、①内需、②軍納、③輸出を中心に伸びていき、両社は、【増設→生産拡張】の必要に迫られるようになる。そのため、OB ビールは、1966年5月より2倍の増設を図り、また、1970年と翌1971年にも増設を行い、さらに、同社は、1973年に、自社株を上場し資金を確保すると、すぐさま慶北亀尾に第4工場を着工、ソウル永登浦工場と京畿道利川工場の生産ラインを増設、光

図II-19　クラウン・ビール

出典）ハイト・ビール HP より。

州工場の増設も進め、既存の年間生産能力83万klを100万klにまで拡大させる。一方、朝鮮ビールも、1971年に、施設の一部を改築するとともに韓独ビールを引き受け、同社の工場を馬山工場とすると、翌1972年には、西ドイツとアメリカの「最新施設」を設け、「従前施設の2倍」へと増強し、さらに、1989年には全州工場を、1997年には江原道洪川工場を建設し、年間総123万kl（1億2,300万箱）の生産能力を確保する。ただし、このように両社が増設に続く増設を行っていたのは、消費急増による生産拡大の必要性の他に、もう一つの理由があった。それは、増設により生産量を増やすことによって、「規模の経済」を実現するためであった。

　さらに、両社は、当時もっぱら輸入に依存していた麦芽（＝ビール麦＝ Molt）、ホップの国産化をより進めようと、たとえば、OBビールは、国内にビール麦試験場を設け、ドイツ技術者に生産農家の指導を担当させた結果、国産ビール麦生産に成功すると、それを機に、「初めは済州島、次は、全南、慶南へと栽培地域を広げ」、充分な麦芽の量を確保していくと。ともに、同社は、製麦場施設の改善や拡張にもとりかかる。

しかし、そうした中で、朝鮮ビールが、「劣るマーケット・シェアと販売量の減少」に焦り、「無謀な競争戦略」を展開し始め、両社の争いが再燃する。だが、その直後、朝鮮ビールの朴キョンギュ社長が過労死し、これをきっかけに、両社は、競争緩和の必要性を認識するようになり、既存の「公販システム」が「また実効性を持つように契約が調整」される。結果、両社は、当分の間、58：42 のシェアを維持、ビール市場を「安定」させ、東洋と朝鮮という「二大山脈」を築くようになる。だが、いつも虎視眈眈と挽回の機会を窺っていた朝鮮ビールは、1991年、OB ビールの姉妹会社の斗山によって、有毒なフェノールが洛東江へ「そのまま流出」された事件、いわゆる「洛東江フェノール汚染事件」が起こると、それを機に、同年、「水」で勝負に出る。「地下 150m の100% 岩盤天然水で作った製品」という点を強くアピールした新製品、ハイト・ビールを市場へ出荷、1996 年、ついに念願の業界 1 位を奪還するのに成功し、これをきっかけに、社名を「朝鮮ビール」から「ハイト・ビール株式会社」に改名する。

コラム　「韓国ビールはまずいと書いた記者の尻を蹴りたい」

　世界的に有名な料理人ゴードン・ラムゼイ氏が韓国のビール広告に出演したことが話題になる中、ラムゼイ氏が「韓国ビールは大同江（テドンガン）ビールよりまずいという記者の尻を蹴飛ばしたい」と話した。

　ラムゼイ氏は 18 日にソウル市内のホテルで開かれた OB ビールの記者懇談会でこのように明らかにし、韓国ビールはまずいという通説に反発した。

韓国ビールが北朝鮮の大同江ビールよりまずいという主張は英エコノミスト誌の韓国特派員だったダニエル・チューダー氏がコラムで書いてからしばしば引用されてきた言葉だ。

　しかし、この日ラムゼイ氏は自身が広告モデルとして出演したビールブランドについて「『カス』は韓国1等ビールで、過度に高かったり気取ったりせず他の食べ物とよく合う。最近のように景気が厳しい時期には安くてだれでも楽しめるビールのような酒が愛される」と話した。

　続けて、彼は「実際に最近多くのシェフが料理と合わせるためのワインリストに代わりビールリストを提供している。5万ウォンの値を付けるワインよりカジュアルな雰囲気でビールを楽しめる」と話した。

　韓国料理の世界化と関連して彼は「韓国には初めて来たが韓国料理を愛してからは15年になった。ロンドンとロサンゼルスに住んだ時もとても多くの韓国料理を食べ、現在運営しているシェフチームにも韓国人メンバーがいる」と話した。

　彼は米ニューヨークにオープンした韓国料理レストラン「COTE」を例に挙げた。このレストランではサムギョプサルやカルビなどを客が直接焼くようにしている。COTEはニューヨークでミシュランから韓国料理店で初めて星を獲得したレストランでもある。

　彼は「料理人が食材を準備して料理を作るのに16~17時間がかかっても取るのが難しいミシュランの星を顧客が直接肉を焼くこのレストランがオープンしてから半年もたたずに取った」と話した（『中央日報』日本語版2017年11月17日）。

Ⅲ　IMF以降のビール産業

124

表Ⅲ-1　メーカ別MS現況（単位：1000kl、％）

年	Hiteビール		OBビール		Coorsビール		計
	出庫量	M/S	出庫量	M/S	出庫量	M/S	
1990	392	30.3%	902	69.7%	–	–	1,294
1991	544	34.6%	1,027	65.4%	–	–	1,571
1992	479	30.4%	1,095	69.6%	–	–	1,574
1993	458	30.0%	1,071	70.0%	–	–	1,529
1994	565	33.9%	1,008	60.5%	92	5.5%	1,665
1995	673	39.3%	827	48.3%	211	12.3%	1,711
1996	717	42.0%	694	40.6%	298	17.4%	1,709
1997	738	44.0%	644	38.4%	296	17.6%	1,678

出典）チェ・チャンオン（최창은）「ハイト（HITE）」、『食品化学と産業』33(3)（韓国語）、韓国食品科学会、2000年9月。

1　金融危機：最大の試練が襲う！

　以上述べてきたように、両社は競合していた。とはいえ、両社は、結局は、「韓国ビール販売」という販売カルテルを通じ、「国内市場で（力を）温存（させていたのであり）、国際競争力が欠如」していた[1]。しかし、時代は少しずつ変わっていった。

　政府は、酒類市場における対外開放にあわせ国内の酒類業界の競争力を強化しようと、1988年より、容器制限の廃止、商標使用の自律化、酒精・清酒の出庫前検定制度の廃止、地酒の製造免許の開放、清酒や濁酒の原料自律化、酒類卸売業免許の開放、酒精割当制の廃止、「酒類業界自

1）ハン・ソクチョン（한석천）「植民、抵抗、そして国際化」、『社会と歴史』（韓国語）、2016年6月、258頁、*The Straight Times,* 1977. 9. 24. たとえば、OBビールは、1977年、オーストラリア・ブラインド・テストで、アジア太平洋地域の33種中、わずか13位にとどまった。

Ⅲ　IMF 以降のビール産業　125

図Ⅲ-1　クラウド・ビール

出典）ロッテ酒類 HP より

図Ⅲ-2　三つ巴の戦い（「販売構成比」）
注）上から、OBビール⇒ハイト・ビール⇒ロッテ。

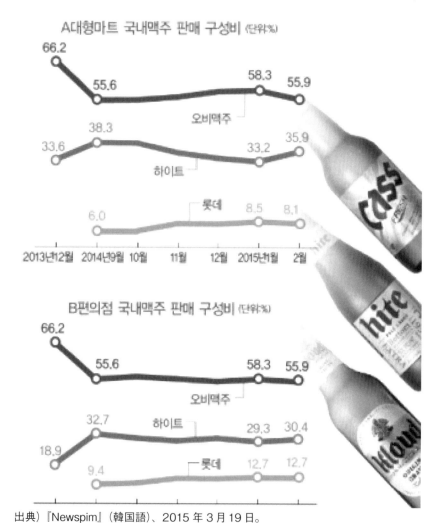

出典）『Newspim』（韓国語）、2015年3月19日。

由化」などを実施していった。

そんな中、ビール市場に、新規競争者が出現する。1994年、焼酒市場の「絶対強者」の眞露がCoorsビール（のちのCASS）というブランドを「先に立たせ」、ビール市場に進出してきた[2]（表Ⅲ-1参照）。

つまり、ビール市場において、「規制緩和」ひいては「自由化」の風が吹き始めていたのである。

まさに、その真最中に、「IMF事態」（=IMF為替危機）といった金融危機が韓国経済さらには「韓国ビール」を襲った。

IMF為替危機が発生し、多くの企業が「ズルドサン」（줄도산＝倒産が相次ぐ事態）する中、「以前までは友好的であった金融業界がいきなり」、ビール両社に対し、「ワーク・アウト[3]、あるいは構造調整を選ぶよう」迫ってきたのである[4]。

対して、ハイト・ビールの場合は、バイト・ブームにより、24時間生産工場を動かしても需要を満たせない状況が続いていたために、4,000億ウォンをも投資し建設を推進していた国内最大規模の洪川工場のかわりに、「ビールの歴史そのものといえる」永登浦工場を「安値」（헐값）で売却し、米Capital Groupとカールスバーグ社から外資も誘致、大幅に負債を減らさざるを得なくなったのである[5]。

---

2) 前掲「長寿企業の企業変身のための構造調整とM＆A戦略」、9～10頁。

3) 現場に権限委譲を行い、既存組織の枠を越えて、現場参加型の問題解決、業務改善を行なう手法。

4) 『BreakNews』（韓国語）、2016年7月20日。前述したように、ビール両社は、1990年代初旬まで、「巨額」の短期高利債などの借入金による設備投資を強化するなど外形的成長を図っていた。しかし、そうした施設投資による設備増大は、そのまま負債増加や金融費用増大をもたらしていた。（前掲『韓国の産業』、1962年、236頁）。

5) 前掲『BreakNews』、2016年7月20日、韓国経営者総協会『月刊経営界』269

一方、OBビールの状況はより深刻で、「財務構造改善のための直接的な外資誘致」のため、「自社持分の50％をベルギービール会社のInterbrewに売却する」といった「常識を超越する破格的な意思決定」を下すしかなかった[6]。

以上のように、それまでビール市場で事実上独寡占の地位を享受していたOBビールと朝鮮ビール（＝ハイト・ビール）は、「IMF」という事態に逢着し、その地位を一瞬で失うこととなったのである。

2　ロッテの参入：三国時代

先述のCoorsビールは、営業不振により、その後結局OBビールへ吸収されてしまう。それによって、一瞬、ビール市場は、「かつての二社（OBとハイト―引用者）が奪って奪われる角逐場」に再び戻るのかとも見えた。しかし、それもつかの間、今度は、Coorsビールよりも、強力な競争相手が登場した[7]。当時、「流通恐竜」と呼ばれていたロッテである（**図Ⅲ – 1参照**）。

事実、ロッテは、「もうかなり前からビール市場への進出を慎重に」検討していた。同社は、2009年斗山の酒類BG（Business Group）を引受け、焼酒市場へ参入し、ハイト・眞露に次ぐ焼酒業界2位に躍り出ると、今度は、ビール市場への進出に踏み切った[8]。

ロッテは、2012年、忠州にビール工場を着工するなどし、ビール市

　―0（韓国語）、2000年、36頁。

6) 前掲「OBビール80年経営史および革新力量分析」、112頁、前掲「長寿企業の企業変身のための構造調整とM&A戦略」、16頁。

7) 『BusinessWatch』（韓国語）、2014年4月18日。

8) 2011年、ハイト・ビールが眞露を合併。

図Ⅲ-3　韓国ビール市場のシェア

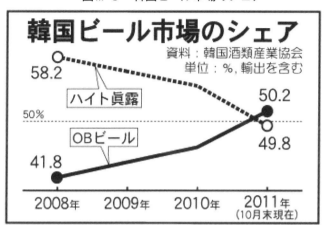

場進出のための準備を着実に進めた後、「エール・ビール」、さらに「クラウド・ビール」をもって、ビール市場への進出を成し遂げる。

そして、同社は、「現在国内ビール市場は非常に堅固だ」、「OBとハイトが'ゼロ・サム・'ゲームを繰り広げているうえ、ロッテに対応し、既存企業なども守勢のマーケティングに総力を傾いているため，ロッテが、ソフト・ランディングするにはおそらく時間がかかるだろう」という当初の業界予想を覆し、自社の「デパート、マート、コンビニに至るまでほとんどすべての流通経路を100％活用する戦法」で、あっという間に「ロッテ・マートで13.2％、ホーム・プラスで5.5％、セブン・イレブンで5.2％の販売シェアを記録」するまでになる[9]。

そして、ハイト、OB、ロッテによる三つ巴の戦いは、未だに図Ⅲ-2のように続いている。

---

9)『東亜日報』（韓国語）、2014年5月29日。

図Ⅲ-4　OBビール

出典) OB ビール HP より。

3　OB の再奪還：かつての王者が戻ってくる！

　既述のように、韓国のビール市場においては、ロッテのような新規参入者も見られるようになっていた。とはいえ、2000 年代において同市場を牛耳っていたのは、ハイト・ビールであった。一言でいうと、「ハ

イト・ビールの天下」だったのである [10]。

　そうした中、かつての王者である OB ビールは、巻き返しの機会を常に窺っていた。既にふれたように、OB ビールは、自社持株 50％を「売却」した Interbrew や、のちに Interbrew からその持株を引き受けた AB InBev[11] より、「海外先進経営システム」、「持続的な社員教育プログラム」などの「海外先進プロセスを学習」し、それらを自社組織に「成功裏に定着」させた。さらに、当時メーカーが生産量を調節するための一環として卸売商人に対しよく使っていた「PUSH 戦略」（いわゆる「ノルマ制」）を止め、「必要な物量のみを卸売・中間業者へ供給し、これによって、卸売・中間業者が（在庫を─引用者）効果的に管理できる」ようにしたのである。また、「市中で販売している OB ビール製品の中で、出荷後 14 日が経過しているものはほとんど見当たらない」ようにするなどし、力を蓄えながら、王座を奪い返すための努力をし続けていた。

　加えて、同社は、「OB ラガー」[12] のような新製品を相変わらず市中に出すとともに、「費用節減で蓄積された資金力を基盤にし、攻撃的な投資を敢行、マーケット・シェアの大幅な進捗」を達成していた。

　さらに、2010 年より外国産プレミアム・ビール市場が急成長している点に目をつけた同社は、2011 年 3 月、「大望の OB ゴールデン・ラガー」を出荷するが、その「OB ゴールデン・ラガー」は、「発売開始後、わずか 200 日で 1 億瓶販売」といった「成功街道を走」（＝성공가

10）前掲「OB じ ル 80 年経営史および革新力量分析」、127 ～ 131 頁、前掲『Forbes』
　　2016─1、『東亜日報』（韓国語）、2014 年 5 月 29 日。

11）「斗山グループの韓国経営中学における位置付」、231 頁（原資料は、「斗山広
　　報室提供資料」）。AB　InBev は、ブラジル・ベルギーに展開しているグローバル
　　企業。同社は、その後、OB ビール株をコールバーグ・クラビス・ロバーツ（KKR）
　　とアフィニティー・エクイティに売却するが、すぐに再び買い戻した。

12）ただ、ＯＢビールは、「ＯＢラガー」をもって「天下の再奪還」を試みるが、

도를 달린다=快挙をあげる）り、同社は、55.7％といった「驚異的なマーケット・シェア」を達成したのである。ついに同社は、15年ぶりにマーケット・シェア1位を奪い返すことに成功した（図Ⅲ‐3参照）。いわく、かつての王者が戻ってきたのである（図Ⅲ‐4参照）。

おわりに

1998年、「IMF事態」といった金融危機が韓国経済さらには「韓国ビール」を襲い、「以前までは友好的であった金融業界がいきなり」、ビール両社に対し、「ワーク・アウト、あるいは構造調整を選ぶよう」迫ってくる。対して、ハイト・ビールは、永登浦工場を「安値」（헐값）で売却し、米Capital Groupとカールスバーグ社から外資も誘致、大幅に負債を減らさざるを得なくなる。一方、状況がより深刻だったOBビールは、「財務構造改善のための直接的な外資誘致」のため、「自社持分の50％をベルギービール会社のInterbrewに売却する」といった「常識を超越する破格的な意思決定」を下すしかなくなる。

そうした渦中で、ビール市場にロッテが、2012年、忠州にビール工場を着工するなどし、ビール市場進出のための準備を着実に進めた後、「エール・ビール」、「クラウド・ビール」をもって、ビール市場へ進出してくる。そして、同社は、自社の「デパート、マート、コンビニに至るまでほとんどすべての流通経路を100％活用する戦法」で、あっという間に「ロッテ・マートで13.2％、ホーム・プラスで5.5％、セブン・イレブンで5.2％の販売シェアを記録」するまでになる。

だが、韓国のビール市場において、ロッテのような新規参入者も見ら

結局は、バイトの「ハイト・プライム・ビール」に敗退を喫した。

Ⅲ　IMF 以降のビール産業　133

れるようになっていたとはいえ、2000 年代において同市場を牛耳っていたのは、ハイト・ビールであった。そうした中、2010 年より外国産プレミアム・ビール市場が急成長している点に目をつけた OB ビールは、2011 年 3 月、「大望の OB ゴールデン・ラガー」を出荷するが、その「OB ゴールデン・ラガー」は、「発売開始後、わずか 200 日で 1 億瓶販売」といった快挙をあげ、55.7% といった「驚異的なマーケット・シェア」を達成する。つまり、かつての王者が戻ってきたのである。

図Ⅲ-5　朝鮮ビールのロゴ

図Ⅲ-6　ハイト・ビールの歴代製品

出典）ハイト・ビール HP より。

コラム　KABREWが受賞、韓国初＝ブリュッセルビアチャレンジ

　韓国でクラフトビールのパイオニア的存在であるKABREWの「アメリカンペールエール」が、11月20日にベルギーで開催されたビールコンテスト「ブリュッセルビアチャレンジ2017」のアメリカンペールエール部門で「Certificate of Excellence（エクセレンス認証）」を手にした。「ブリュッセルビアチャレンジ」は特色のあるさまざまなビールで有名なベルギーで開催される、欧州を代表するビールコンテストだ。2012年に始まり、今年で6回目を迎えたコンテストには米国、ドイツ、日本など40カ国・地域から1512ブランドがエントリー。ビールソムリエや醸造業者など、ビール産業全般に造詣が深い審査員85人による厳正な審査の上、それぞれの賞が決定された。KABREWは今大会で、韓国のブランドで初めて受賞の栄誉を手にした。アメリカンペールエールは世界的に流行しているビールスタイルで、コンテストでも競争が激しい部門であり、今回の受賞は大きな意味がある。それだけでなく、今年9月にはドイツで行われた「ヨーロピアンビアスター2017」でI.P.Aビールがトラディショナルインディアペールエール部門金賞を受賞している。KABREWによる今回の受賞は、ビールの本場と言える欧州で高い品質を相次ぎ認められたものだ。韓国のクラフトビール産業をリードし、国内のクラフトビール市場に活力を注いでいる（『朝鮮日報』日本語版2017年12月13日）。

Ⅳ　北朝鮮のビール産業　金正日のビール工場

北朝鮮でのビール産業は、もともとビール工場が北朝鮮地域には全く存在していなかったこともあり、韓国と比べ、はるかにスタートが遅かった。1960年代に入ってから、北朝鮮に同産業があらわれたのである。

　北朝鮮では、1961年、旧東ドイツから設備を導入し、初めて龍城ビール工場というビール工場が新設された[1]（図Ⅳ-1参照）。

　その後は、日本などからビール設備が輸入され、平壌ビール工場、元山ビール工場も登場する中、龍城ビール、平壌ビール、鳳鶴ビール、惠山ビール[2]と、ビールの種類も増えていった（図Ⅳ-2参照）。

　しかし、その完成度は低かったらしく、たとえば、1980年代半ば、金正日が「龍城ビールは飲むたびに、毎回味が違う」と追及したことがあるといわれる。

　それゆえ、金正日は、①チェコのビール技術者を「招請」し、技術伝授を受けさせたり、②両江道惠山で上質な「ビールの主原料」を開発したり、③金日成総合大学自動化学部の教授や「博士」を動員、彼らに龍城ビール生産工程の「自動化流れ体系」を完成するようにとの課業を下達した。具体的には、龍城ビール工場にオペレーティング・システムを導入し、各種原料の添加量と発酵条件を随時変えさせ、ビールの風味を「固定」するなど、ビール開発に念を入れていく[3]。

　また、缶ビールも登場してくるが、その嚆矢は、1996年、人民武力部傘下の平壌楽園工場で生産された「金剛生ビール」と知られている。

1）朝鮮中央年鑑編集委員会編『朝鮮中央年鑑』1962年版（朝鮮語）、朝鮮中央年鑑編集委員会、1962年、245頁、韓国政策金融公社調査研究室『北韓の産業』（韓国語）、韓国政策金融公社、2010年、464頁。
2）『自由アジア放送』（韓国語）、2014年12月30日。
3）『中央日報北韓ネット』（韓国語）、2016年6月21日。

Ⅳ　北朝鮮のビール産業　137

図Ⅳ-1　龍城ビール

出典）『自由アジア放送』;『中央日報北韓ネット』

図Ⅳ-2　鳳鶴ビール

出典）『自由アジア放送』;『中央日報北韓ネット』

図IV-3　鳳鶴ビール

出典）『自由アジア放送』;『中央日報北韓ネット』

図IV-4　大同江ビール

出典）『自由アジア放送』;『中央日報北韓ネット』

Ⅳ 北朝鮮のビール産業 139

図Ⅳ-5-a 大同江ビール工場

図IV-5-b　大同江ビール工場

出典）『朝鮮新報』（朝鮮語）、2015年5月19日；『中央日報』（韓国語）、2008年5月19日。

図IV-6　大同江ビール家

出典）『自由アジア放送』；『中央日報北韓ネット』

さらに、その後は、6 年もの検証を経た「慶興ビール」(**図Ⅳ - 3 参照**)
といったアルコール度数 4.5％ 500 m㍑用量の缶ビールも開発され、
1,000 人もの収容が可能な普通江区域の「慶興館生ビール家」で「真っ
先に」販売される[4]。

　加えて、のちに北朝鮮の最も代表的なビールとして認められるように
なる「大同江ビール」(平壌市奉仕管理国傘下) も登場するようになるが、
その開発経緯は次のごとくである (**図Ⅳ - 4 および図Ⅳ - 5 参照**)。

　大同江ビールは、金正日が、2001 年、ロシア・サンクトペテルブル
クにあるバルティカ・ビール工場視察後、「世界最高級のビールを作れ」
と指示し、彼の「格別の関心と破格的支援」のもと、「不採算性」によっ
て閉鎖された 180 年の伝統を持っていたイギリスのアッシャーズビー
ル工場 (en: Ushers of Trowbridge) 設備を 350 万ポンドで買い取り、それ
をそのまま平壌近郊に設け、2002 年 4 月より生産を始めたものである。
さらに、ドイツの専門家の助言の下、ドイツ製設備をもって同工場の増
設が行われ[5]、現在、同工場は、年間 5 万 k㍑ (一日 300 トン生産能力)
を生産し、平壌市内にある 150 か所の「ビール家」(맥주집) へ供給し
ている。

　そののちも、大同江ビールの生産量が 2 倍も増えたり、同ビールが
「チュチェ 97 年 (2008 年) に ISO9001 品質管理体系認証をもら」った
りもした[6]。そして、「材料を存分に使っているため、韓国ビールより

---

4) 同上。
5) https://namu.wiki/w/%EB%8C%80%EB%8F%99%EA%B0%95%20
　%EB%A7%A5%EC%A3%BC (2016 年 12 月 25 日アクセス)、前掲『中央日報北
　韓ネット』、2016 年 6 月 21 日。
6)『朝鮮新報』(朝鮮語)、2015 年 5 月 19 日 ;『中央日報』(韓国語)、2008 年 5
　月 19 日。
7)「韓国ビールの麦含有量は 4% にすぎないが、北朝鮮ビールのそれはその 3 倍、

もうまいと好評」[7] されるなど、着実に成長し続けている。しかし、問題は、北朝鮮では「ビール1本の価格が5日分の食糧に当る」こともあり、未だに「人民が手が届かないもの」であるということである。換言すれば、大同江ビールは、「大同江ビール家」(図Ⅳ-6参照) を通じ、北朝鮮の特権層といえる平壌市民に消費される一方、龍城ビールは、「外国使節参加の宴会席や午餐場」、ホテル、国家宴会場、外貨商店、中国の北京、瀋陽などの北朝鮮食堂で提供・販売されている。また5㍑のステンレス筒に盛られ、金正恩、「中央党幹部」、高位幹部の家庭に供給されているのである。つまり、北朝鮮は自国のビールを「東方第一のビール」と自画自賛しているものの、それは、人民にとってはまだ「雲の上のお酒」にすぎないのである。

おわりに

北朝鮮でのビール産業は、もともとビール工場が北朝鮮地域には全く存在していなかったこともあり、韓国と比べはるかにスタートが遅かった。1960年代に入ってから、北朝鮮に同産業があらわれたのである。北朝鮮では、1961年、旧東ドイツから設備を導入し、初めて龍城ビール工場というビール工場が新設された。その後は、日本などからビール設備が輸入され、平壌ビール工場、元山ビール工場も登場する中、龍城ビール、平壌ビール、鳳鶴ビール、惠山ビールと、ビールの種類も増えていった。

その後、金正日は、2001年、ロシア・サンクトペテルブルクにあるバルティカ・ビール工場視察後に、「世界最高級のビールを作れ」と指示、

12%である」。

IV 北朝鮮のビール産業 143

彼の「格別の関心と破格的支援」のもと、不採算性によって閉鎖された「180年伝統」のイギリスのアッシャーズビール工場設備を350万ポンドで買い取り、それをそのまま平壌近郊に設け、のちに北朝鮮の最も代表的なビールとして認められるようになる「大同江ビール」を設ける。ただ、北朝鮮のビールは、未だ人民にとっては手が届かない「雲の上のお酒」にすぎないのである。

コラム　ビールを130億円輸出した日本…ほとんどが韓国行き

　昨年、日本のビール輸出額が前年に比べて35.7%も増加し、130億円に達した。日本のビール輸出額が100億円を突破したのは昨年が初めてだ。12日読売新聞と財務省貿易統計によると、昨年日本のビール輸出額は128億円に達した。この中で韓国に輸出した金額が圧倒的に多かった。韓国輸出の割合は全体輸出額の63%に達する80億円ということが分かった。韓国に続き、台湾（14億円）、米国（8億円）、オーストラリア（8億円）などの順だった。韓国で最も多く売れたのはアサヒビールだった。アサヒビールは昨年、スーパードライとクリアアサヒ季節限定版を韓国市場に投じ、韓国輸出額を前年に比べ55%も上げた。サッポロビールも昨年9月にエビスビールを投じて韓国輸出額を前年より2倍に増やした。サントリービールも今年韓国ビール輸出額を前年より8%程度引き上げるという計画だ（『中央日報』日本語版2018年3月12日）。

終　章

まずは、本書の内容を簡略にまとめてみよう。

　大日本麦酒と日本麒麟麦酒は、朝鮮におけるビール需要の増加に対応するため、朝鮮に進出、それぞれ朝鮮麦酒と昭和麒麟麦酒を設立し、自社の資本・設備・敷地などをもとに、経営者・技術者を送り込み、ビール生産を開始、自社販売網を通じて販売に至った。その後、両社の子会社は、当初は、日本からの調達に依存していたホップ・麦・瓶を朝鮮内で「自給自足」を図りつつ、高利益率が保障される正常価格を維持することを目指した。その目的は、告示価格以下で流通するビールを購入し、決算が終了する９月末にはこれを交換し、不足分については「相手」に保障措置を取ることによって利益を確保しつつ、結果的に朝鮮ビール産業の安定を実現することであった。一方、総督府は、ビール業界における過当競争を防止する目的で、朝鮮国内向けビールは二社が均等に生産するという「府議決定」の下、生産量を制限させることによって、同産業を支えていた。つまり、大日本麦酒、日本麒麟麦酒という企業と総督府がともに、ビール産業の成長および安定化を導いていったのである。ただし、同産業における朝鮮人の成長はそれほど評価できるものではなく、朝鮮人の関わりも限定的なものであった。

　解放後は、昭和麒麟麦酒の朝鮮人従業員は、直ちに当時工場の機関部で働いていた韓東淳を委員長に選出し、正式に「自治委員会」を組織し、同社の工場を接収する。だが、1945年９月に南部地域（＝韓国）に進駐した米軍によって軍政庁が樹立されると、同社は、その軍政庁に接収されることとなる。これと同時に、軍政庁の承認のもとで、かつて同社の「特約店主」であった朴斗秉が、正式に管理支配人に就任すること

終　章　**147**

となる。

　このように、韓国人（＝朝鮮人）を中心とする組織の再編成が行われたが、そうした中、同社は、「経営主体であった日本人が引揚すると、人的または技術力が不足し、資金と材料が十分ではなかったため、苦労」しながらも、解放後に残っていた約3万6,000Hリットルのビールをもとに、かつての生産設備を利用して、1945年11月にはビールの生産を可能にする。そして、このビールは、かつての同社の「特約店」を通じて出荷を再開する。

　そんな中、同社は「大東亜共栄圏」の崩壊と「南北分断による地域的な経済循環の断絶」による、ホップ、空き瓶、および生産電力の確保困難という問題に直面するようになる。

　その後、政府による企業家公募の結果、同社の代表取締役として朴斗秉が選出される。そののち、彼は、1948年、麒麟麦酒株式会社を東洋麦酒株式会社に改名、同年2月には、東洋ビール株式会社（OB、Oriental Brewery）と商号を変更し、経営陣を構成すると同時に、組織を五課・一事務所から四課・一事務所へと改編する。

　しかしながら、1950年6月25日に朝鮮戦争が勃発すると、東洋ビールは、北朝鮮軍に占領され、避難できなかった従業員50余名が強制動員の後、タンクに残っていたビールが製品化され、北朝鮮軍に提供される。

　ところが、国連軍の反撃による北朝鮮軍のソウルからの撤収後は、従業員が工場管理のために、自治委員会を組織し、破壊された施設の一部を復旧する。しかし、中国軍の参戦がもたらした1・4後退以降は、工場は再び実質、放置状態となってしまう。

その後、「やっと」ソウルへ戻ってきた経営陣は、「わが国にもビール産業は必要だという一心で」同社の払下げ入札へ参加し、商工部管財庁と売買契約を結ぶ。

その直後、同社は、「同社所有の車両 3 台まで売却し」、復旧工事資金を確保しながら、また、「鉄工所から部品を作ってもらいながら」、工場の復旧工事へ必死に取り組む。一方、朝鮮ビールは、戦争中の 1952年 6 月 17 日、明成皇后の姻戚にあたる閔徳基に払下げされた後、復旧し、朝鮮ビール株式会社の商号、「金冠ビール」から「クラウン・ビール」への商標でその後、営業を再開へ漕ぎつける。

だが、同社がいざ営業を開始しようとすると、朝鮮戦争後、韓国のビールマーケットは、外国ビールや合成ビールによって完全に占領されていた等、山積する問題に直面する。そんな厳しい状況の中、同社は、「組織の体系化」を行い、社名を「OB ビール株式会社」（以下、OB ビール）へと一新する。

その後、ついに米軍から「全工場」が返還されると、これを機に、同社は、米 MEYER 社、米 CEMCO、西ドイツコスモス・エックスポートから輸入した設備をもって、老朽化が相当進んでいた「生産ラインの取替え」に着手する。同時に、同社は、「ビール原料の国産化」を基本経営方針として採択すると、空き瓶の自社生産にも力を注ぎ、1958 年、海南硝子と大韓ガラス株式会社に「自ら投資」し、ビンの調達・確保に成功する。

加えて、同社は、醸造技術向上をも試み、ドイツ人醸造技術者、ルドルフ・スコット（Rudolf Schotte）を招請する。彼は、1955 年 1 月に着任すると、原料の選定や配合および各工程の品質管理方法、製品の検査お

よび分析技術などの、さまざまな醸造技術体制を「日本式からヨーロッパ式」へと転換、さらには、社内における「補修、美化作業」にまで深くかかわり、また、同社の技術陣養成のため、長期研修制度（＝海外留学研修、**表Ⅱ-7参照**）などの教育システムも手掛けるのみならず、スコットは、同社の「品種の多様化」（＝製品の多角化）にも尽力、女性向けのアルコール濃度1％のモルトビール（1955年4月）、Pilsen Beer、Bock Beer、の新製品の開発や生ビール生産の再開に大きく貢献する。

　以上のような企業努力が実を結んだのか、その後、OBビールは、朝鮮ビールとともに、かねてより氾濫していた「外来品の駆逐」に成功する。ところが、今度は、両社の「過当競争」が互いの足を引っ張ることとなる。両社の競り合いは、まず、景品付きといった「販売競争」の形であらわれ、その後、「ライバル社の取引先にまで手出しする」ようになる。そして、そのような無理を強いた「過多出血」は、1956年の「史上最悪の不況」による「操業度わずか50％」といった厳しい状況が続く中、両社の資金繰りを圧迫、結局、両社は協力関係を模索し、ビールの生産・販売のカルテル、韓国麦酒販売株式会社の結成に合意する。こうして、両社の過当競争はようやく終止符が打たれるのである。

　そんな中でも、韓国でのビール需要は、①内需、②軍納、③輸出を中心に伸びていき、両社は、【増設→生産拡張】の必要に迫られるようになる。そのため、OBビールは、1966年5月比で2倍の増設を図り、また、1970年と翌1971年にも増設を行い、さらに、同社は、1973年に、自社株を上場し資金を確保すると、すぐさま慶北亀尾に第4工場を着工、ソウル永登浦工場と京畿道利川工場の生産ラインを増設、光州工場の増設も進め、既存の年間生産能力83万klを100万klにまで拡大させる。

一方、朝鮮ビールも、1971年に、施設の一部を改築するとともに韓独ビールを引き受け、同社の工場を馬山工場とすると、翌1972年には、西ドイツとアメリカの「最新施設」を設け、「従前施設の2倍」へと増強し、さらに、1989年には全州工場を、1997年には江原道洪川工場を建設し、年間総123万kl（1億2,300万箱）の生産能力を確保する。ただし、このように両社が増設に続く増設を行っていたのは、消費急増による生産拡大の必要性の他に、もう一つの理由があった。それは、増設により生産量を増やすことによって、「規模の経済」を実現するためであった。

　さらに、両社は、当時もっぱら輸入に依存していた麦芽（=ビール麦=Molt）、ホップの国産化をより進めようと、たとえば、OBビールは、国内にビール麦試験場を設け、ドイツ技術者 に生産農家の指導を担当させた結果、国産ビール麦生産に成功すると、それを機に、「初めは済州島、次は、全南、慶南へと栽培地域を広げ」、充分な麦芽の量を確保していくとともに、同社は、製麦場施設の改善や拡張にもとりかかる。

　しかし、そうした中で、朝鮮ビールが、「劣るマーケット・シェアと販売量の減少」に焦り、「無謀な競争戦略」を展開し始め、両社の争いが再燃する。だが、その直後、朝鮮ビールの朴キョンギュ社長が過労死したのをきっかけに、両社は、競争緩和の必要性を認識するようになり、既存の「公販システム」が「また実効性を持つように契約が調整」される。結果、両社は、当分の間、58:42のシェアを維持、ビール市場を「安定」させ、東洋と朝鮮という「二大山脈」を築くようになる。だが、いつも虎視眈々と挽回の機会を窺っていた朝鮮ビールは、1991年、OBビールの姉妹会社の斗山によって、有毒なフェノールが洛東江へ「そのまま

終　章　151

流出」された事件、いわゆる「洛東江フェノール汚染事件」が起こると、それを機に、同年、「水」で勝負に出る。「地下 150m の 100% 岩盤天然水で作った製品」という点を強くアピールした新製品、ハイト・ビールを市場へ出し、1996 年、ついに念願の業界 1 位を奪還するのに成功し、これをきっかけに、社名を「朝鮮ビール」から「ハイト・ビール株式会社」（以下、ハイト・ビール）に改名する。

　しかし、まさにその真最中に、「IMF 事態」といった金融危機が韓国経済さらには「韓国ビール」を襲い、「以前までは友好的であった金融業界がいきなり」、ビール両社に対し、「ワーク・アウト、あるいは構造調整を選ぶよう」迫ってくる。対して、ハイト・ビールは、永登浦工場を「安値」（헐값）で売却し、米 Capital　Group と Carlsberg 社から外資も誘致、大幅に負債を減らさざるを得なくなる。一方、状況がより深刻だった OB ビールは、「財務構造改善のための直接的な外資誘致」のため、「自社持分の 50% をベルギービール会社の Interbrew に売却する」といった「常識を超越する破格的な意思決定」を下すしかなくなる。

　そうした渦中で、ビール市場にロッテが、2012 年、忠州にビール工場を着工するなどし、ビール市場進出のための準備を着実に進めた後、「エール・ビール」、「クラウド・ビール」をもって、ビール市場へ進出してくる。そして、同社は、自社の「デパート、マート、コンビニに至るまでほとんどすべての流通経路を 100% 活用する戦法」で、あっという間に「ロッテ・マートで 13.2%、ホーム・プラスで 5.5%、セブン・イレブンで 5.2% の販売シェアを記録」するまでになる。

　だが、韓国のビール市場において、ロッテのような新規参入者も見られるようになっていたとはいえ、2000 年代において同市場を牛耳って

いたのは、ハイト・ビールである。そうした中、2010年より外国産プレミアム・ビール市場が急成長している点に目をつけたOBビールは、2011年3月、「大望のOBゴールデン・ラガー」を出荷するが、その「OBゴールデン・ラガー」は、「発売開始後、わずか200日で1億瓶販売」といった快挙をあげ、55.7%といった「驚異的なマーケット・シェア」を達成する。つまり、かつての王者が戻ってきたのである。

　一方、北朝鮮ビール産業の歩みについては次の如くである。

　北朝鮮でのビール産業は、もともとビール工場が北朝鮮地域には全く存在していなかったこともあり、韓国と比べはるかにスタートが遅かった。1960年代に入ってから、北朝鮮に同産業があらわれたのである。北朝鮮では、1961年、旧東ドイツから設備を導入し、初めて龍城ビール工場というビール工場が新設された。その後は、日本などからビール設備が輸入され、平壌ビール工場、元山ビール工場も登場する中、龍城ビール、平壌ビール、鳳鶴ビール、惠山ビールと、ビールの種類も増えていった。

　その後、金正日は、2001年、ロシア・サンクトペテルブルクにあるバルティカ・ビール工場視察後に、「世界最高級のビールを作れ」と指示、彼の「格別の関心と破格的支援」のもと、不採算性によって閉鎖された「180年伝統」のイギリスのアッシャーズビール工場設備を350万ポンドで買い取り、それをそのまま平壌近郊に設け、のちに北朝鮮の最も代表的なビールとして認められるようになる「大同江ビール」を設ける。ただ、北朝鮮のビールは、未だ人民にとっては手が届かない「雲の上のお酒」にすぎないのである。

　では、以上のように明らかとなった事実に基づき、本書の研究方法・

終　章　153

視点の関連でこうした分析が持つ意味合いを吟味してみよう。

　まず、朝鮮・韓国経済発展の多様な担い手の把握を図るという第一の課題に関してであるが、植民地経済の一軸をなしたビール産業の発展および変貌と関わる「市場」、「企業」、「政府」の影響または役割をより明確化するかたちで再整理すると、次の如くまとめられる。

❶　「市場」

　朝鮮においてビール産業が設立された一因は、同地域でのビール需要の増加であった。

❷　「企業」

　同産業のベースは、日本のビール会社の「営業一切」と「資本と技術」によって成立したものであった。

❸　「政府」

　総督府の価格・販売割当量面における優遇政策および「助成」によって、朝鮮ビールの利益確保が容易となった結果、同産業の安定化の実現を見た。つまり、大日本麦酒、日本麒麟麦酒という企業と総督府がともに、朝鮮経済の一翼を担っていたビール産業の成長および安定化を導いていったのである。

次に、戦後の韓国ビール産業の歩みにおいて重要な担い手の役割についてそれぞれ再整理してみると、次のとおりである。

❶ 「市場」

・韓国でのビール需要の伸びによって、【増設→生産拡張】のような同産業の成長が実現した。
・ロッテといった競争相手の登場は、「エール・ビール」、「クラウド・ビール」のような商品の多様化をもたらした[1]。

❷ 「企業」および「企業家」

・解放後、ビール産業を再稼働させたのは、かつて昭和麒麟麦酒の特約店主であった朴斗秉であった。
・休戦後、戦争による被害があまりにも甚大だったにもかかわらず、「わが国にもビール産業は必要だという一心で」同社の復旧工事へ必死に取り組んだのは、「企業家」の朴斗秉に他ならなかった。
・韓国のビール会社は、「ビール原料の国産化」を基本経営方針として採択したうえ、原料の「自社生産」にも力を注いでいた。
・両社の熾烈な競争によるビール産業の疲弊を防いだのは、二社の協調、すなわち「企業の談合」(=「公販システム」=カルテル=「韓国ビール販売」)によるものであった。さらに、それによって実現された市場の安定化そのものが、メーカーにとっては長期の投資計画などに

---

1)「酒類流通業者が明かした真実」http//cafe.daum.net/dotax/Elgq/1292232?q
=%B1%B9%BB%EA%B8%C6%C1%D6%C0%C7%20%C1%F8%BD%C7%B0%FA%20
%C0%FC（2018 年 2 月 12 日アクセス）。

利便を与えていたと思われる[2]。さらにいえば、これまで「けしからん」存在としか知られてこなかったカルテルが、実は国内産業の保護または育成の側面から見れば、大きな貢献を果たしていたのである[3]。

・OB ビールは、「外国産ビール打倒」のもと、生産と販売を分離し、それぞれの効率を増大しようと、生産製品を、総販機構を介し需要者に販売する「総販制」を設けたり、朝鮮ビールとともに消費者に国産ビールの愛用を訴えたり、そして、「当局」に外国産ビールが市場で「不法流出」することを禁じることを建議したりしていた。

・OB ビールは、外国人技師、すなわち、ドイツ人醸造技術者、ルドルフ・スコット（Rudolf Schotte）を招請し、醸造技術向上」も試みていた。

・韓国のビール会社は、韓国国内のビール施設を着実に増設していった。両社は、その間、いわゆる「企業努力」を行っていたが、たとえば、両社は、品質向上および新製品開発研究によって拍車をかけられた。

・両社は、ビールの魅力を伝えようと（＝「ビールの大衆化」）東奔西走していた。

つまりは、韓国ビール産業の成長をけん引してきたのは、主に企業および企業家であったのである。

❸ 「政府」

---

2) 前掲『異端の試み』、503 頁を参照されたい。
3) 前掲『談合の経済学』を大いに参考にした。

・政府が設けていた輸入障壁は、同産業の育成へ確実に大きく寄与していた[4]。

　一方、市場・政府・企業の動きは必ずしも良い方向のみへ向かっていったわけではなかった。それらの市場、企業、政府の失敗をまとめてみると、次の如くである。

❶　「市場」[5]

・50年代の両社の無理を強いた「過多出血」（＝過当競争）は、両社の資金繰りを圧迫、結局、朝鮮ビールが先に競争にたえられず危機を迎えるようになった。

❷　「企業」

・将来、良いライバル関係を築き、それがまた多様な製品の開発などによって消費者の利益につながるはずであった韓独ビールの倒産の一因は、東洋・朝鮮両社の「『連合戦線』（牽制）」であった[6]。
・両社の協調体制（＝「公販システム」＝カルテル＝「韓国ビール販売」）が、国内市場の「乱れ」を防いでいた点については高く評価すべきであろう。しかし、それは、同時に「まずい韓国産ビール」の量産および競争力の低下も惹起してしまった。

4）輸入制限の影響については、清野一治『規制と競争の経済学』東京大学出版会、1993年、307〜310頁を参考にされたい。また、政府と企業との関係に関しては、同書、106〜108頁を参照されたい。
5）前掲『談合の経済学』、6〜7頁。「時代は…[中略]…市場での競争に多くを委ねようとしている。しかし競争が万全の策であるということは、決して明白なこ

終　章　157

❸　「政府」

・すでに述べたように、政府の輸入障壁によって保護されていたから
こそ、韓国のビール産業が育成されていたのも事実であるが、一方、
それは、同産業の世界競争力の低下もきたした。たとえば、IMF 発
生後、韓国のビール会社が一苦労したのも、その競争力の不十分さ
に原因があったと考えられる。
・政府による酒税の急な引き上げや、価格の抑制によって、ビール会
社は、以上の状況の中でも利益を生もうと、麦芽などの使用量を減
らす方法を採らざるをえなかった。その結果、韓国のビールは、「北
朝鮮のビールよりもまずい」（fiery food, boring beer）ものとなってし
まった[7]。

とではない。いくつかの非現実的な仮定を置けば、競争が望ましい結果をもたら
すことを理論的に説明できるかもしれない」。
6）『東亜日報』（韓国語）、1984 年 4 月 26 日。
7）http://www.economist.com/news/business/21567120–dull–duopoly–crushes–
microbrewers–fiery–food–boring–beer?fsrc=scn/tw/te/bl/fieryfoodboringbeer,
'Fiery food, boring beer,' *Economist*, 2012 12 24.
THEIR cuisine is one of the world's most exciting. South Korean diners would not
tolerate bland kimchi（cabbage pickled in garlic and chili）or sannakji（fresh
chopped octopus, still wriggling on the plate）. So why do they swill boring
beer?
Local brews such as Cass and Hite go down easily enough（which is not always
true of those writhing tentacles with their little suction cups）. Yet they leave
little impression on the palate. Some South Korean beers skimp on barley malt,
using the likes of rice in its place. Others are full of corn. And despite the recent
creation of Hite Dry Finish—a step in the right direction—brewing remains
just about the only useful activity at which North Korea beats the South. The
North's Taedonggang Beer, made with equipment imported from Britain, tastes

158

　さらに、南北朝鮮の経済比較研究への寄与といった第二・三の課題に
関連し述べると、北朝鮮ビール産業においては、上でも見たように、金
正日によって、平壌ビール工場、元山ビール工場、「大同江ビール」
などと、ある程度成長し続けてきた。にもかかわらず、北朝鮮人民に
とって、ビールが未だに手が届かない存在にとどまっているのは、韓国
ビール産業の最も重要な成長要因といえる企業もしくは企業家の不在に
よる。いいかえれば、北朝鮮ビール産業の未成熟の理由は、企業または

---

surprisingly good.

The problem for South Korean boozers is that their national market is a cramped duopoly. Hite － Jinro and Oriental Brewery (OB) have nearly 100% of it. Their beers are hard to tell apart; their prices, even harder. At five out of five shops visited by The Economist, their main brands all cost precisely 1,850 won ($1.70) per 330ml can.

Until 2011, regulations required all brewers to have enough capacity to brew well over 1m litres at a time. This in effect kept all but Hite and OB from bringing foamy goodness to the masses. Smaller producers were allowed to sell their beer only on their own premises.

Today, anyone with the capacity to produce 120,000 litres can apply for a wholesale licence. This is still a lot, but there are short cuts. One brewer says the loose wording of the law means some have bought gigantic but shoddy old vats to make up the difference, and simply left them unused.

However, only a handful of small brewers have risen to the challenge. One of them, Craftworks Brewing Company, is owned by a Canadian, Dan Vroon. Mr Vroon's pub in Seoul is packed every night. But several hurdles still make it hard for him to sell his pilsners, stouts and pale ales more widely, he says.

Brewers are taxed heavily if they deliver their own beer. Craftworks' unpasteurised brews must be kept chilled from the vat to the tap, which creates a problem. Cold distribution is a tiny, pricey niche. This is because the big boys don't use it: their beers have their tasty, bureaucrat － bothering bacteria removed at the brewery. They can thus be delivered warm and then chilled in the pub.

企業家の不在にあるのである。

　引き続き、朝鮮人と「朝鮮工業化」との関係を明確にするという課題については、同産業を見た限り、朝鮮人の成長はそれほど評価できるものではなく、また、朝鮮人の関わりも限定的なものであったことが分かった。たとえば、両社においての朝鮮人の出資金は僅かな割合にとどまっていた。また、人的資源面（human resource）から最も重要性を持つ上位層に該当する朝鮮人役員の役割は、きわめて限定的なものであった。さらに、需要面からみれば、朝鮮人は主な消費者ではなかったのである。ただし、そうした中で、昭和麒麟麦酒では、朝鮮人が養成された結果、1944 年 9 月 31 日時点で、朝鮮人は、同社の職員 59 名、従業員 179 名の内、職員数 32 人、従業員 178 人を占めるようになっていた。つまり、下位層においては、確かに朝鮮人の成長は着実に進んでいたのである。

Punitive tariffs prevent brewing experimentation. The Korean taxman treats malt, hops and yeast as beer ingredients, which are subject to low import duties. Anything else you might put in the brew is deemed an agricultural import, and thus a threat to the nation's farmers. "Speciality grains like oats aren't on the approved list, so we must pay more than 500% if we want to use them," says Park Chul, another frustrated brewer.

Those who do not qualify for a wholesale licence have it even worse. Though they sell only through their own pubs, government inspectors place meters on their vats. These can become contaminated, causing costly stoppages. "It's enough to drive you to drink," sighs Mr Vroon.

コラム
こんなの初めて！ エゴマの葉やミカンを使ったビールが続々登場

◆エゴマの葉ビール

エゴマの葉を使ったビール「エゴマの葉一杯」が登場。これは、リレー形式でお目見えする韓国クラフトビール協会の最初の商品で、クラフトビールの活性化と醸造市場の拡大を目指し、11のブルワリー（ビール醸造所）が参加した。「エゴマの葉一杯」はビールの主な原料であるホップの代わりに韓国産エゴマの葉を使ったもので、エゴマの葉特有の香りと味がビールに染み込み、ほろ苦く香ばしい味わいが特徴。フルーツの香りとやや酸味のあるスタイルのセゾ

ンビールをベースにつくられており、アルコール度数は6.1％だ。3月9日から全国10カ所の売り場で味わうことができ、1万杯限定生産される。

◆麗水ビール

地域の名前が付いたビールがまたも登場した。平昌ビール、達西ビール、海雲台ビールなど、地域の名前やイメージを込めたビールが人気を集めていることを受け、夜の海のロマンを込めた「麗水ナイトエール（麗水ビー

ル）」が発売された。麗水ビールはコリア・クラフト・ブルワリー（KCB）が売り出した商品で、さまざまな麦芽のブレンドを通じ、モルトの味をよりいっそう引き出し、カラメルモルトから感じられる香ばしさ、全羅南道で収穫された麦を使っていることによる特有のボディー感が、バランスよく調和している。アルコール度数は5.0%で、誰でも負担なく味わえる。

◆済州ウィットエール

　昨年オープンした韓国最大規模のビール醸造所である済州ビールは、済州の特産品であるミカンを使い、ビールを生産している。済州ビールの「済州ウィットエール」は、きれいな済州の水、ミカンの皮を使って作られており、さわやかですっきりとした風味を誇る。アルコール度数は5.3%で、気軽に楽しめる（『朝鮮日報』（日本語版）、2018年3月12日）。

あとがき

　本書では、ビール産業を切り口として韓国経済の歩みを概観してきた。一国の経済史を、ビール産業を通じて見ていくことは、無謀な試みかもしれない。しかしながら、斬新な分析視点を提示することで、韓国経済の歩みに対する関心を喚起できるのではないかと考え、筆を執った。

　本書が世に出るまでには、多くの方々にお力添え頂いた。以下記して謝意を表したい。

　中藤弘彦先生、William SHANG 先生、藤田賀久先生、Paul Snowden 先生、西郷浩先生、鈴木健夫先生、南部宣行先生、樋口雄一先生、金浩先生、林映理子先生、全民濟先生、羅英均女史、堤一直氏、横山俊一郎氏、植田喜兵成智氏、野口幸生氏（CV Starr East Asian Library, Columbia University）、申喜淑氏（CV Starr East Asian Library, Columbia University）、押金章悟氏、笠原睦子氏（多摩大学総務課）、由利典子氏（多摩大学 ALC 事務課）、菅井美里氏（多摩大学 ALC 事務課）、宇田昌弘氏、Kuan Cheng 氏、金喆洪氏、金鐘大君、李斗烈君、金承煥君、姜赫柱君、姜晶薫君、そして、本書の出版と編集を快諾してくださった柘植書房新社の上浦英俊編集長、木下耕一路氏に深く感謝申し上げる。

　最後に、柘植書房新社の故松下孝一氏に、心からの哀悼と感謝の意を表したい。

　2019 年 3 月

李　光宰

【参考文献】

【日本語文献】（ひらがな順）

㈱アジア産業研究所『韓国経済・産業データハンドブック』2012 年版、㈱アジア産業研究所、2013 年。

李光宰『韓国電力業の起源』柘植書房新社、2013 年。

李光宰『韓国石油産業と全民濟』柘植書房新社、2017 年。

林采成『戦時経済と鉄道運営―「植民地」朝鮮から「分断」韓国への歴史的経路を探る』東京大学出版会、2005 年。

林采成「解放後の北朝鮮における鉄道の再編とその運営実態」、『日本植民地研究』第 26 号、日本植民地研究会、2014 年。

糟谷憲一編『朝鮮史研究入門』名古屋大学出版会、2011 年。

河合和男・尹明憲『植民地期の朝鮮工業』未来社、1991 年。

金洛年『日本帝国主義下の朝鮮経済』東京大学出版会、2002 年。

金明洙「1930 年代における永登浦工場地帯の形成」、『三田学会雑誌』101 巻 1 号、2008 年 4 月。

金明洙「植民地期に於ける在朝日本人の企業経営」、『経営史学』44 巻 3 号、2009 年 12 月。

木村光彦『北朝鮮の経済』創文社、1999 年。

木村光彦・安部桂司『北朝鮮の軍事工業化』知泉書館、2003 年。

木村光彦編『旧ソ連の北朝鮮経済資料集　1946―1965 年』知泉書館、2011 年。

清野一治『規制と競争の経済学』東京大学出版会、1993 年。

麒麟麦酒株式会社『麒麟麦酒株式会社五十年史』麒麟麦酒株式会社、1957 年。

麒麟麦酒株式会社広報室編『麒麟麦酒の歴史：戦後編』麒麟麦酒株式会社、1969 年。

参考文献　**165**

キリンビール株式会社 C&I 年史センター編『キリンビールの歴史』キリンビール株式会社、1999 年。

キリンビール株式会社 C&I 年史センター編『キリンビールの歴史：資料集』キリンビール株式会社、1999 年。

小牧輝夫編『経済から見た北朝鮮』明石書店、2010 年。

昭和麒麟麦酒『第七回営業報告書：第一五年度』。

昭和麒麟麦酒『第一〇回営業報告書：第一八年度』。

昭和麒麟麦酒「会社現状概要報告書 [昭和麒麟麦酒]」。

武田晴人『談合の経済学』集英社、1999 年。

武田晴人『異端の試み』日本経済評論社、2017 年。

ダグラス・C・ノース『制度原論』東洋経済新報社、2016 年。

中外産業調査会『人的事業大系：飲食料工業編』中外産業調査会、1943 年。

朝鮮総督府『朝鮮神宮御鎮座十周年記念』朝鮮総督府、1937 年。

朝鮮総督府『朝鮮総督府統計年報』各年版。

朝鮮麦酒株式会社「営業報告書」各回。

東洋経済新報社編『大陸会社便覧』昭和 16　18 年版。

東洋経済新報社編『朝鮮産業の決戦再編成』東洋経済新報社京城支局、1943 年。

東洋経済新報社編『東洋経済株式会社年鑑』各年度版。

永井隆『サントリー対キリン』日本経済評論社、2014 年。

野副伸一「朴正熙の開発哲学—農業開発中心から輸出主導型経済へ」、『亜細亜大学アジア研究所紀要』（25）、1998 年 3 月。

原朗『日本戦時経済研究』東京大学出版会、2013 年。

水川侑『日本のビール産業』専修大学出版局、2002 年。

白珍尚「韓国ビール産業の発展」、『立命館経営学』第 45 巻第 1 号、2006 年 5 月。

堀和生『朝鮮工業化の史的分析』有斐閣、1995 年。

Paul　Krugman「私はどのようにしてノーベル賞経済学者になったか」、『COURRiER　Japon』Vol.71、2010 年 10 月。

友邦協会『朝鮮酒造業界四十年の歩み』1969 年。

梁文秀『北朝鮮経済論』信山社出版株式会社、2000 年。

和田春樹『北朝鮮―遊撃隊国家の現代―』岩波書店、1998 年。

「海外事業本来の平和的性格並に活動状況調査報告書 [昭和麒麟麦酒]」。

「朝鮮における日本人企業概要調書 No.8　水産業、食料品」。

『中外商業新報』1938 年 2 月 7 日。

『毎日経済』1995 年 12 月 9 日。

【韓国語・朝鮮語文献】（가・나・다順）

キム・ドンウン（김동운）「韓国財閥の初期形成過程：斗山グループの一代朴承稷商店、1925~1945 年」、『経済学研究』第 44 巻第 3 号、1996 年。

キム・ドンウン（김동운）「斗山グループの形成過程、1952~1996 年」、『経営史学』第 18 巻第 0 号、1998 年。

大韓商工会議所『大韓民国銀行、会社、組合、団体名簿』1950 年。

東洋ビール株式会社「帰属財産売買契約に関する申告書」1961 年 6 月 28 日。

東洋ビール株式会社『OB 二十年史』東洋ビール株式会社、1972 年。

斗山グループ企画室『斗山グループ史』斗山グループ、1987 年。

ムン・チョンフン（문정훈）ほか「OB ビール 80 年経営史および革新力量分析」、『経営史学』第 28 集第 3 号、韓国経営史学会、2013 年 9 月。

ミン・ウンヘ（민은혜）「国力．斗山グループ：創業と守城一世紀」、『統一韓国』4（3）、平和問題研究所、1986 年 3 月。

ソウル特別市永登浦区『永登浦区誌』ソウル特別市永登浦区、1991年。

シン・テチン（신태진）ほか「長寿企業の企業変身のための構造調整とM&A戦略」、『専門経営人研究』第16巻第2号、2013年8月。

シム・ハンテク（심한택）ほか「環境汚染誘発事件が企業価値に与える影響」、『産業経済研究』17巻1号、2004年。

OBビール『韓国のビール麦育種史』OBビール、1996年。

イ・ソンテ（이성태）「斗山グループの反民族資本蓄積史」、『月刊マル』59、1991年5月。

李承郁「斗山グループの成長と発展」、『経営史学』第17輯第1号、2002年5月。

オム・グァンヨン（엄광용）『斗山の物語』ブックオシション社、2014年。

イム・チェグン（임재근）「ハイトビール㈱全州工場」、『安全技術』144―0、2009年。

チョン・キョンウン（전경운）「環境汚染被害規制のための民事法制の改善法案および対案模索」、『環境法研究』36巻1号、2014年。

崔洪圭「東洋麦酒　OB」、『韓国マーケティング』9（11）、1975年11月。

韓国経営史学会『韓国経営史学会研究総書3』0―0、韓国経営史学会、2002年。

韓国経営者総協会『月刊経営界』269―0、2000年。

韓国産業銀行調査部偏『韓国の産業』韓国産業銀行調査部、1962年。

韓国産業銀行調査部偏『韓国の産業』韓国産業銀行調査部、1966年。

韓国産業銀行調査部偏『韓国の産業』韓国産業銀行調査部、1971年。

韓国産業銀行調査部偏『韓国の産業』韓国産業銀行調査部、1973年。

韓国政策金融公社調査研究室『北韓の産業』韓国政策金融公社、2010年。

ハン・ソクチョン（한석천）「植民、抵抗、そして国際化」、『社会と歴史』、2016年6月。

ハン・ヨンチョル（한영철）『後発産業化と国家の動学』ソウル大学校出版部、

2006 年。

韓漢洙「斗山グループの韓国経営史学においての位置」、『経営史学』第 17 輯第 1 号、2002 年 5 月。

ファン・ミョンス（황명수）『韓国企業経営の歴史的性格』シンヤン社、1993 年。

『京郷新聞』1954 年 11 月 21 日。

『東亜日報』1953 年 11 月 12 日、2014 年 5 月 29 日。

「東洋麦酒」、『韓国マーケティング』1968 年 10 月。

「斗山広報室提供資料」。

「美軍使用建物不遠返還」、『京郷新聞』1954 年 11 月 21 日。

『BreakNews』2016 年 7 月 20 日。

『BusinessWatch』2014 年 4 月 18 日。

「三個月で八百余石」、『東亜日報』1953 年 11 月 12 日。

『アジア経済』2012 年 3 月。

「29 日政府払売却実施」、『京郷新聞』1955 年 8 月 30 日。

『自由アジア放送』2014 年 12 月 30 日。

『中央日報北韓ネット』2016 年 6 月 21 日。

「クラウンビール馬山工場」、『環境管理人』13─0、1987 年。

「クラウン商標の朝鮮ビール」、『防災と保険』23 巻 0 号、1984 年。

「偏重融資を強行」、『京郷新聞』1955 年 6 月 10 日。

「ハイトビール㈱研究所」、『生物産業』13─1、2000 年。

『韓国統計年鑑』各年度版。

『毎日経済』1989 年 4 月 28 日。

『ハンギョレ（한겨레）』1994 年 11 月 29 日。

朝鮮中央年鑑編集委員会編『朝鮮中央年鑑』1962 年版（朝鮮語）、朝鮮中央年鑑編集委員会、1962 年。

『朝鮮新報』（朝鮮語）、2015 年 5 月 19 日。

【英語文献】（アルファベット順）

Alfred DuPont Chandler, Jr, *The Visible Hand: the Managerial Revolution in American Business*, belknap Press, 1977.

Carter J. Eckert, *OFFSPRING OF EMPIRE: The Koch'ang Kims and the Colonial Origins of Korean Capitalism, 1876―1945*,University of Washington Press, 1991.

Paul Krugman, *The age of diminished expectations*, The MIT Press, 1997.

The Straight Times, 1977. 9. 24.

【インターネット資料】

https://namu.wiki/w/%EB%8C%80%EB%8F%99%EA%B0%95%20%EB%A7%A5%EC%A3%BC

http://www.economist.com/news/business/21567120-dull-duopoly-crushes-microbrewers-fiery-food-boring-beer?fsrc=scn/tw/te/bl/fieryfoodboringbeer

■著　者
李 光宰（イ グァンジェ）

早稲田大学大学院経済学研究科博士課程単位取得（経済学博士）
多摩大学グローバルスタディーズ学部講師

【著 書】
『韓国電力業の起源』
『韓国石油産業と全民濟　朝鮮・韓国・北朝鮮石油産業の経路』
『なぜコリアンは大久保に集まってくるのか』ほか

乾杯の経済学：韓国のビール産業

2019 年 7 月 15 日　初版第 1 刷発行　定価 2000 円＋税

著　者　　　李　光宰
発行所　　　柘植書房新社
　　　　　　113-0001 東京都文京区白山 1-2-10 秋田ハウス 102
　　　　　　TEL03-3818-9270 FAX03-3818-9274
　　　　　　https://www.tsugeshobo.com　郵便振替 00160-4-113372
印刷・製本　　創栄図書印刷株式会社

乱丁・落丁はお取り替えいたします。　　　　　　ISBN978-4-8068-0723-0　C0030

JPCA
日本出版著作権協会
http://www.jpca.jp.net/

本書は日本出版著作権協会（JPCA）が委託管理する著作物です。
複写（コピー）・複製、その他著作物の利用については、事前に
日本出版著作権協会（電話03 3812-9424、info@jpca.jp.net ）
の許諾を得てください。

なぜコリアンは大久保に集まってくるのか
在日コリアンの経済学

李光宰著／定価2000円+税　ISBN978-4-8068-0714-8

これまでほとんど検討されなかった、在日コリアンを巡っての「疑問」を経営・経済学的な側面から解き明かすことが本書の目的なのである。(本書より)